建筑施工特种作业人员培训教材

建筑施工现场场内叉车司机

建筑施工特种作业人员培训教材编委会　组织编写

中国建筑工业出版社

图书在版编目（CIP）数据

建筑施工现场场内叉车司机/建筑施工特种作业人员培训教材编委会组织编写；张鹏程主编 . —北京：中国建筑工业出版社，2019.6（2022.8重印）
建筑施工特种作业人员培训教材
ISBN 978-7-112-23873-6

I.①建… II.①建… ②张… III.①建筑工程-施工现场-叉车-技术培训-教材 IV.①TH242

中国版本图书馆 CIP 数据核字（2019）第 125240 号

责任编辑：李　杰　李　明
责任校对：李欣慰

建筑施工特种作业人员培训教材
建筑施工现场场内叉车司机
建筑施工特种作业人员培训教材编委会　组织编写
＊
中国建筑工业出版社出版、发行（北京海淀三里河路9号）
各地新华书店、建筑书店经销
北京红光制版公司制版
天津翔远印刷有限公司印刷
＊
开本：850×1168毫米　1/32　印张：4⅜　字数：116千字
2019年10月第一版　2022年8月第二次印刷
定价：**16.00**元
ISBN 978-7-112-23873-6
（34132）

前　　言

《中华人民共和国安全生产法》规定："生产经营单位的特种作业人员必须按照国家有关规定经专门的安全作业培训，取得相应资格，方可上岗作业"。建筑施工特种作业人员是指在房屋建筑和市政工程施工活动中，从事可能对本人、他人及周围设备设施的安全造成重大危害作业的人员。作为建设行业高危工种之一，其从业直接关系建筑施工质量安全，直接关系公民生命、财产安全和公共安全。

为进一步紧贴建筑施工特种作业人员职业素质和适岗能力的实际需要，编写委员会组织编写了《建筑电工》《建筑架子工》《附着式升降脚手架架子工》《建筑起重信号司索工》等24个工种的系列教材。该套教材既是相关工种培训考核的指导用书，又是一线建筑施工特种作业人员的实用工具书。

本套教材在编写过程中，得到了江苏省相关专家和部门的大力支持，在此一并表示感谢！因编者水平有限，难免会存在疏漏和不足之处，真诚希望广大同行和读者给予批评指正。

编者

二〇一九年五月

目　录

第一部分 公共基础知识

第一部分 公共基础知识

第一章 职业道德

第一节 道德的含义和基本内容

1. 道德的含义

道德是一种社会意识形态，是人们共同生活及其行为的准则与规范。

意识形态除了道德以外，还包括政治、法律、艺术、宗教、哲学和其他社会科学等意识形式，是对事物的理解、认知，对事物的感观思想，是观念、观点、概念、思想、价值观等要素的总和。如：对生命的认识和观点；对金钱物质的看法等。

道德往往代表着社会的正面价值取向，起判断行为正当与否的作用。道德是以善恶为标准，通过社会舆论、内心信念和传统习惯来评价人的行为，调整人与人之间以及个人与社会之间相互关系的行动规范的总和。

2. 道德与法纪的关系

遵守道德是指按照社会道德规范行事，不做损害他人的事。遵守法纪是指遵守纪律和法律，按照规定行事，不违背纪律和法律的规定条文。法纪与道德既有区别也有联系，它们是两种重要的社会调控手段。

（1）法纪属于社会制度范畴，而道德属于社会意识形态范畴。道德侧重于自我约束，是行为主体"应当"的选择，依靠人们的内心信念、传统习惯和社会舆论发挥其作用，不具有强制力；而法纪则侧重于国家或组织的强制手段，是国家或组织制定和颁布，用以调整、约束和规范人们行为的权威性规则。

（2）遵守法纪是遵守道德的最低要求。道德一般又可分为两类：第一类是社会有序化要求的道德，是维系社会稳定所必不可少的最低限度的道德，如不得暴力伤害他人、不得用欺诈手段谋取利益、不得危害公共安全等；第二类是那些有助于提高生活质量、增进人与人之间紧密关系的原则，如博爱、无私、乐于助人、不损人利己等。第一类道德有时也会上升为法纪，通过制裁、处分或奖励的方法得以推行。而第二类道德是对人性较高要求的道德，一般不宜转化为法纪，需要通过教育、宣传和引导等手段来推行。法纪是道德的演化产物，其内容是道德范畴中最基本的要求，因此遵纪守法是遵守道德的最低要求。

（3）遵守道德是遵守法纪的坚强后盾。首先，法纪应包含最低限度的道德，没有道德基础的法纪，是无法获得人们的尊重和自觉遵守的。其次，道德对法纪的实施有保障作用，"徒善不足以为政，徒法不足以自行"，执法者职业道德的提高，守法者的法律意识、道德观念的加强，都对法纪的实施起着推动的作用。再者，道德又对法纪有补充作用，有些不宜由法纪调整的，或本应由法纪调整但因立法的滞后而尚"无法可依"的，道德约束往往就起到了必要的补充作用。

3. 公民道德的基本内容

公民道德主要包括社会公德、职业道德、家庭美德及个人品德四个方面。

（1）社会公德。公德是指与国家、组织、集体、民族、社会等有关的道德，社会公德是社会道德体系的社会层面，是维护社会公共生活正常进行的最基本的道德要求，是全体公民在社会交往和公共生活中应该遵循的行为准则，涵盖了人与人、人与社会、人与自然之间的关系。以文明礼貌、助人为乐、爱护公物、保护环境、遵纪守法为主要内容的社会公德，旨在鼓励人们在社会上做一个好公民。

（2）职业道德。职业道德是人们在职业生活中应当遵循的基本道德，是职业品德、职业纪律、专业能力及职业责任等的总称，它通过公约、守则等对职业生活中的某些方面加以规范。职业道德涵盖了从业人员与服务对象、职业与职工、职业与职业之间的关系；它既是对从业人员在职业活动中的行为要求，又是本行业对社会所承担的道德责任和义务。以爱岗敬业、诚实守信、办事公道、服务群众、奉献社会为主要内容的职业道德，旨在鼓励人们在工作中做一个好的建设者。

（3）家庭美德。家庭美德是调节家庭成员之间、邻里之间以及家庭与国家、社会、集体之间的行为准则，也是评价人们在恋爱、婚姻、家庭、邻里之间交往中的行为是非、善恶的标准。以尊老爱幼、男女平等、夫妻和睦、勤俭持家、邻里团结为主要内容的家庭美德，旨在鼓励人们在家庭生活里做一个好成员。

（4）个人品德。个人品德是一定社会的道德原则和规范在个人思想和行为中的体现，是一个人在其道德行为整体中所表现出来的比较稳定的、一贯的道德特点和倾向。个人品德是每个公民个人修养的体现，现代人应树立关爱、善待和宽厚的理念，对他人、对社会、对自然有关爱之心、善待之举和宽厚情怀。个人品德的内容包括很多，比如正直善良、谦虚谨慎、团结友爱、言行一致等等。

社会公德、职业道德、家庭美德、个人品德这四个方面是一个有机的统一体，其外延由大到小，内涵由浅到深，共同构成一个完善的道德体系。在"四德"建设中，人的能动性及个人品德建设是至关重要的，个人品德的修养是树立道德意识、规范言行举止、建设和谐家庭、模范地做好工作、维护社会和谐的基础。只有个人具备优良品德修养才能由己及人，才能由己及家庭、集体和社会。正确处理个人与社会、竞争与协作、经济效益与社会效益等关系，树立尊重人、理解人、关心人的理念，发扬社会主义人道主义精神，提倡为人民为社会多做好事、体现社会主义制度优越性、促进社会主义市场经济健康有序发展的良好道德风尚。

党的十八大对未来我国道德建设也做出了重要部署。强调依法治国和以德治国相结合，加强社会公德、职业道德、家庭美德、个人品德教育，弘扬中华传统美德，倡导时代新风，指出了道德修养的"四位一体"性。十八大报告中"推进公民道德建设工程，弘扬真善美、贬斥假恶丑，引导人们自觉履行法定义务、社会责任、家庭责任，营造劳动光荣、创造伟大的社会氛围，培育知荣辱、讲正气、作奉献、促和谐的良好风尚"，强调了社会氛围和社会风尚对公民道德品质的塑造；"深入开展道德领域突出问题专项教育和治理，加强政务诚信、商务诚信、社会诚信和司法公信建设"，突出了"诚信"这个道德建设的核心。

第二节 职业道德的基本特征和主要作用

1. 职业道德的概念

职业道德是指所有从业人员在职业活动中应该遵循的行为准则，是一定职业范围内的特殊道德要求，即整个社会对从业人员的职业观念、职业态度、职业技能、职业纪律和职业作风等方面的行为标准和要求。

职业道德是随着社会分工的发展，并出现相对固定的职业集团时产生的，人们的职业生活实践是职业道德产生的基础。特定的职业不但要求人们具备特定的知识和技能，而且要求人们具备特定的道德观念、情感和品质。各种职业集团，为了维护职业利益和信誉，适应社会的需要，从而在职业实践中，根据一般社会道德的基本要求，逐渐形成了职业道德规范。

职业道德是对从事这个职业所有人员的普遍要求，它不仅是所有从业人员在其职业活动中行为的具体表现，同时也是本职业对社会所负的道德责任与义务，是社会公德在职业生活中的具体化。每个从业人员，不论是从事哪种职业，在职业活动中都要遵守职业道德，如现代中国社会中教师要遵守教书育人、为人师表的职业道德，医生要遵守救死扶伤的职业道德，企业经营者要遵守诚实守信、公平竞争、合法经营的职业道德等等。

具体来讲，职业道德的涵义主要包括以下八个方面：

（1）职业道德是一种职业规范，受社会普遍的认可。

（2）职业道德是长期以来自然形成的。

（3）职业道德没有确定的形式，通常体现为观念、习惯、信念等。

（4）职业道德依靠文化、内心信念和习惯，通过职工的自律来实现。

（5）职业道德大多没有实质的约束力和强制力。

（6）职业道德的主要内容是对职业人员义务的要求。

（7）职业道德标准多元化，代表了不同企业可能具有不同的价值观。

（8）职业道德承载着企业文化和凝聚力，影响深远。

2. 职业道德的基本特征

职业道德是从业人员在一定的职业活动中应遵循的、具有自身职业特征的道德要求和行为规范。职业道德具有以下几个特点：

（1）普遍性。从业者应当共同遵守基本职业道德行为规范，且在全世界的所有职业者都有着基本相同的职业道德规范。

（2）行业性。职业道德具有适用范围的有限性，每种职业都担负着一定的职业责任和职业义务，由于各种职业的职业责任和义务不同，从而形成各自特定的职业道德的具体规范。职业道德的内容与职业实践活动紧密相连，反映着特定职业活动对从业人员行为的道德要求。

（3）继承性。职业道德具有发展的历史继承性，由于职业具有不断发展和世代延续的特征，不仅其技术世代延续，其管理员工的方法、与服务对象打交道的方式，也有一定历史继承性。在长期实践过程中形成的职业道德内容，会被作为经验和传统继承下来，如"有教无类""学而不厌，诲人不倦"，从古至今都是教师的职业道德。

（4）实践性。一个从业者的职业道德知识、情感、意志、信念、觉悟、良心等都必须通过职业的实践活动，在自己的行为中表现出来，并且接受行业职业道德的评价和自我评价。

（5）多样性。职业道德表达形式多种多样，不同的行业和不同的职业，有不同的职业道德标准，且表现形式灵活。职业道德的表现形式总是从本职业的交流活动实际出发，采用诸如制度、守则、公约、承诺、誓言、条例等形式，以至标语口号之类来加以体现，既易于为从业人员所接受和实行，而且便于形成一种职业的道德习惯。

（6）自律性。从业者通过对职业道德的学习和实践，逐渐培养成较为稳固的职业道德品质，良好的职业道德形成以后，又会在工作中逐渐形成行为上的条件反射，自觉地选择有利于社会、有利于集体的行为，这种自觉就是通过自我内心职业道德意识、觉悟、信念、意志、良心的主观约束控制来实现的。

（7）他律性。道德行为具有受舆论影响的特征，在职业生涯中，从业人员随时都受到所从事职业领域的职业道德舆论的影响。实践证明，创造良好的职业道德社会氛围、职业环境，并通过职业道德舆论的宣传、监督，可以有效地促进人们自觉遵守职业道德，并实现互相监督，共同提升道德境界。

3. 职业道德的主要作用

在现代社会里，人人都是服务对象，人人又都为他人服务。社会对人的关心、社会的安宁和人们之间关系的和谐，是同各个岗位上的服务态度、服务质量密切相关的。在构建和谐社会的新形势下，大力加强社会主义职业道德建设，具有十分重要的作用。

（1）加强职业道德是提高职业人员责任心的重要途径

职业道德要求把个人理想同各行各业、各个单位的发展目标结合起来，同个人的岗位职责结合起来，以增强员工的职业观念、职业事业心和职业责任感。职业道德要求员工在本职工作中不怕艰苦，勤奋工作，既讲团结协作，又争个人贡献，既讲经济效益，又讲社会效益。加强职业道德要求紧密联系本行业、本单位的实际，有针对性地解决存在的问题。

（2）加强职业道德是促进企业和谐发展的迫切要求

职业道德的基本职能是调节职能，一方面可以调节从业人员内部的关系，即运用职业道德规范约束职业内部人员的行为，促进职业内部人员的团结与合作，加强职业、行业内部人员的凝聚力；另一方面，职业道德又可以调节从业人员与服务对象之间的关系，用来塑造本职业从业人员的社会形象。

企业是具有社会性的经济组织，在企业内部存在着各种复杂的关系，这些关系既有相互协调的一面，也有矛盾冲突的一面，如果解决不好，将会影响企业的凝聚力。这就要求企业所有的员工具有较高的职业道德觉悟，从大局出发，光明磊落、相互谅解、相互宽容、相互信赖、同舟共济，而不能意气用事、互相拆台。企业内部上下级之间、部门之间、员工之间团结协作，使企业真正成为一个具有社会主义精神风貌的和谐集体。

（3）加强职业道德是提高企业竞争力的必要措施

当前市场竞争激烈，各行各业都讲经济效益，要求企业的经营者在竞争中不断开拓创新。但行业之间为了自身的利益，会产生很多新的矛盾，形成自我力量的抵消，使一些企业的经营者在竞争中单纯追求利润、产值，不求质量，或者以次充好、以假乱真，不顾社会效益，损害国家、人民和消费者的利益，企业得到只能是短暂的收益，失去的是消费者的信任，也就失去了生存和发展的源泉，难以在竞争的激流中屹立不倒。在企业中加强职业道德使得企业在追求自身利润的同时，又能创造好的社会效益，从而提升企业形象，赢得持久而稳定的市场份额；同时，也使企业内部员工之间相互尊重、相互信任、相互合作，从而提高企业凝聚力，企业方能在竞争中稳步发展。

（4）加强职业道德是个人健康发展的基本保障

市场经济对于职业道德建设有其积极一面，也有消极的一面，它的自发性、自由性、注重经济效益的特性，诱惑一些人"一切向钱看"，唯利是图，不择手段追求经济效益，从而走入歧途，断送前程。提高从业人员的道德素质，树立职业理想，增强职业责任感，形成良好的职业行为，抵抗物欲诱惑，不被利欲所熏心，才能脚踏实地在本行业中追求进步。在社会主义市场经济条件下，只有具备职业道德精神的从业人员，才能在社会中站稳脚跟，成为社会的栋梁之才，在为社会创造效益的同时，也保障了自身的健康发展。

（5）加强职业道德提高全社会道德水平的重要手段

职业道德是整个社会道德的主要内容，它一方面涉及到每个从业者如何对待职业，如何对待工作，同时也是一个从业人员的生活态度、价值观念的表现，是一个人的道德意识和道德行为发展到成熟阶段的体现，具有较强的稳定性和连续性。另一方面，职业道德也是一个职业集体甚至一个行业全体人员的行为表现，如果每个行业、每个职业集体都具备优良的道德，那么对整个社会道德水平的提高就会发挥重要作用。

第三节　建设行业职业道德建设

1. 加强职业道德建设，践行社会主义核心价值观

"国无德不兴，人无德不立。"习近平总书记指出："核心价值观，其实就是一种德，既是个人的德，也是一种大德，就是国家的德、社会的德。"因此，"必须加强全社会的思想道德建设，激发人们形成善良的道德意愿、道德情感，培育正确的道德判断和道德责任，提高道德实践能力尤其是自觉践行能力，引导人们向往和追求讲道德、尊道德、守道德的生活，形成向上的力量、向善的力量。"培育社会主义核心价值观，首先要培植一种有益于国家、社会、他人的道德。

党的十八大提出，倡导富强、民主、文明、和谐，倡导自

由、平等、公正、法治，倡导爱国、敬业、诚信、友善，积极培育和践行社会主义核心价值观。富强、民主、文明、和谐是国家层面的价值目标，自由、平等、公正、法治是社会层面的价值取向，爱国、敬业、诚信、友善是公民个人层面的价值准则，"富强、民主、文明、和谐；自由、平等、公正、法治；爱国、敬业、诚信、友善"，这 24 个字是社会主义核心价值观的基本内容。践行社会主义核心价值观对于道德建设具有重要的指导意义，而加强道德建设又对践行社会主义核心价值观发挥着基础性作用，二者互有联系，相辅相成。

建设行业是社会主义现代化建设中的一个十分重要的行业。工厂、住宅、学校、商店、医院、体育场馆、文化娱乐设施等等的建设，都离不开建设行为，它以满足人民群众日益增长的物质文化生活需要为出发点。建设行业职业道德是社会主义核心价值观、社会主义道德规范，在建设行业的具体体现。

2. 结合建设行业特点和现实，加强职业道德建设

（1）职业道德建设的行业特点

以建设行业中建筑为例，专业多、岗位多、从业人员多且普遍文化程度较低、综合素质相对不高；条件艰苦，任务繁重，露天作业、高空作业，常年日晒雨淋，生产生活场所条件艰苦，安全设施落后和不足，作业存在安全隐患，安全事故频发；施工涉及面大，人员流动性强，四海为家，四处奔波，难以接受长期定点的培训教育；工种之间联系紧密，各专业、各工种、各岗位前后延续共同完成工程的建设；具有较强的社会性，一座建筑物凝聚了多方面的努力，体现了其社会价值和经济价值。同时，随着国民经济的发展，建筑行业地位和作用也越来越重要，行业发展关乎国计民生。因此，对从业人员开展及时的、各类形式灵活多样的教育培训，提高道德素质、文化水平、专业知识和职业技能；结合行业特点，加强团结协作教育、服务意识教育和职业道德教育，一切为了社会广大人民和子孙后代的利益，坚持社会主义、集体主义原则，严谨务实、艰苦奋斗、多出精品优质工程，体现其社会价值和经济价值尤为重要。

（2）职业道德建设的行业现实

一个建筑物的诞生或一项工程的竣工需要有良好的设计、周密的施工、合格的建筑材料和严格的检验与监督。近几年来，出现设计结构不合理、计算偏差，不考虑相关因素，埋下重大隐患；施工过程中秩序混乱；建筑材料伪劣产品层出不穷；金钱、人情关系扰乱工程安全质量监督，质量安全事故屡见不鲜。作为百年大计的工程建设产品，如果质量差，损失和危害将无法估量。例如 5.12 汶川大地震中某些倒塌的问题房屋，杭州地铁坍塌，上海、石家庄在建楼房倒楼事件等。造成这些问题的因素很多，但是道德因素是其中最重要的因素之一。再如，面对激烈的市场竞争，一些建筑企业为了拿到工程项目，使用各种手段，其中手段之一就是盲目压价，用根本无法完成工程的价格去投标。中标后就在设计、施工、材料等方面做文章，启用非法设计人员搞黑设计；施工中偷工减料；材料上买低价伪劣产品，最终，使建筑物的"百年大计"大大打了折扣。因此，大力加强建设行业职业道德建设，营造市场经济良好环境，经济效益和社会效益并重尤为紧迫。

3. 建设行业职业道德要求

根据住房和城乡建设部发布的《建筑业从业人员职业道德规范（试行）》，对建筑从业人员共同职业道德规范要求如下：

（1）热爱事业，尽职尽责

热爱建筑事业，安心本职干作，树立职业责任感和荣誉感，发扬主人翁精神，尽职尽责，在生产中不怕苦，勤勤恳恳，努力完成任务。

（2）努力学习，苦练硬功

努力学文化，学知识，刻苦钻研技术，熟练掌握本工种的基本技能，练就一身过硬本领。努力学习和运用先进的施工方法，钻研建筑新技术、新工艺、新材料。

（3）精心施工，确保质量

树立"百年大计、质量第一"的思想，按设计图纸和技术规范精心操作，确保工程质量，用优良的成绩树立建安工人形象。

（4）安全生产，文明施工

树立安全生产意识，严格安全操作规程，杜绝一切违章作业现象，确保安全生产无事故。维护施工现场整洁，在争创安全文明标准化现场管理中做出贡献。

（5）节约材料，降低成本

发扬勤俭节约优良传统，在操作中珍惜一砖一木，合理使用材料，认真做好落手清、现场清，及时回收材料，努力降低工程成本。

（6）遵章守纪，维护公德

要争做文明员工，模范遵守各项规章制度，发扬团结互助精神，尽力为其他工种提供方便。

4. 特种作业人员职业道德核心内容

（1）安全第一

坚持"生产必须安全，安全为了生产"的意识。严格遵守操作规程。操作人员要强化安全意识，认真执行安全生产的法律、法规、标准和规范，严格执行操作规程和程序，杜绝一切违章作业，不野蛮施工，不乱堆乱扔。

（2）诚实守信

诚实守信作为社会主义职业道德的基本规范，是和谐社会发展的必然要求，它不仅是建设领域职工安身立命的基础，也是企业赖以生存和发展的基石。操作人员要言行一致，表里如一，真实无欺，相互信任，遵守诺言，忠实地履行自己应当承担的责任和义务。

（3）爱岗敬业

爱岗就是热爱自己的工作岗位，敬业就是要用一种恭敬严肃的态度对待自己的工作。操作人员应当热爱本职工作，不怕苦、不怕累，认真负责，集中精力，精心操作，密切配合其他工种施工，确保工程质量，使工程如期完成。这是社会对每个从业者的要求，更应当是每个从业者对自己的自觉约束。

（4）钻研技术

操作人员要努力学习科学文化知识，刻苦钻研专业技术，苦练硬功，扎实工作，熟练掌握本工作的基本技能，努力学习和运用先进的施工方法，精通本岗位业务，不断提高业务能力。

（5）保护环境

文明操作，防止损坏他人和国家财产。讲究施工环境优美，做到优质、高效、低耗。做到不乱排污水，不乱倒垃圾，不影响交通，不扰民施工。

第二章　建筑施工特种作业人员和管理

第一节　建筑施工特种作业

1. 建筑施工特种作业概念

建筑施工特种作业人员是指在房屋建筑和市政工程施工活动中，从事对本人、他人的生命健康及周围设施的安全可能造成重大危害的作业人员。

特种作业有着不同的危险因素，《中华人民共和国安全生产法》规定：生产经营单位的特种作业人员必须按照国家有关规定经专门的安全作业培训，取得相应资格，方可上岗作业。

2. 建筑施工特种作业工种

（1）住房和城乡建设部《建筑施工特种作业人员管理规定》（建质〔2008〕75号）所确定的建筑施工特种作业包括：

1）建筑电工。

2）建筑架子工。

3）建筑起重信号司索工。

4）建筑起重机械司机。

5）建筑起重机械安装拆卸工。

6）高处作业吊篮安装拆卸工。

7）经省级以上人民政府建设主管部门认定的其他特种作业。

（2）《江苏省建筑施工特种作业人员管理暂行办法》（苏建管质〔2009〕5号）规定了江苏省的建筑施工特种作业包括：

1）建筑电工。

2）建筑架子工。

3）建筑起重信号司索工。

4）建筑起重机械司机。

5）建筑起重机械安装拆卸工。

6）高处作业吊篮安装拆卸工。

7）建筑焊工。

8）建筑施工机械安装质量检验工。

9）桩机操作工。

10）建筑混凝土泵操作工。

11）建筑施工现场场内机动车司机。

12）其他特种作业人员。

目前，江苏省又将"建筑施工现场场内机动车司机"细分为："建筑施工现场场内叉车司机""建筑施工现场场内装载机司机""建筑施工现场场内翻斗车司机""建筑施工现场场内推土机司机""建筑施工现场场内挖掘机司机""建筑施工现场场内压路机司机""建筑施工现场场内平地机司机""建筑施工现场场内沥青混凝土摊铺机司机"等。

第二节　建筑施工特种作业人员

按照住房和城乡建设部与江苏省建设行政主管部门的规定，从事建筑施工特种作业的人员应当取得建筑施工特种作业人员操作资格证书，方可上岗从事相应作业。

1. 年龄及身体要求

年满 18 周岁且符合相应特种作业规定的年龄要求。

近 3 个月内经二级乙等以上医院体检合格且无听觉障碍、无色盲，无妨碍从事本工种的疾病（如癫痫病、高血压、心脏病、眩晕症、精神病和突发性昏厥症等）和生理缺陷。

2. 学历要求

初中及以上学历。其中，报考建筑起重机械安装质量检测工（塔式起重机、施工升降机）的人员，应符合下列条件之一：

（1）具有工程机械（建筑机械）类、电气类大专以上学历或工程机械（建筑机械）类、电气类、安全工程类助理工程师任职资格，并从事起重机设计、制造、安装调试、维修、操作、检验工作2年及其以上。

（2）具有工程机械（建筑机械）类、电气类中专、理工科（非起重专业）大专以上学历或工程机械（建筑机械）类、电气类、安全工程类技术员任职资格，并从事起重机设计、制造、安装调试、维修、操作、检验工作3年及其以上。

（3）具有高中学历并从事起重机设计、制造、安装调试、维修、操作、检验工作5年及其以上。

3. 考核要求

（1）报名

全省建筑施工特种作业人员考核、发证及管理系统集成在"江苏省建筑业监管信息平台2.0"上。建筑施工企业人员可由企业统一组织通过监管信息平台直接报名，非建筑施工企业人员向所在地考核基地报名，填报相应工种，经市县建设（筑）主管部门资格审查合格后，到经省建设行政主管部门认定的建筑施工特种作业考核基地，进行培训后参加考核。

凡申请考核、延期复核、换证的人员均须进行二代身份证信息和指脉信息采集。采集入库的二代身份证和指脉信息，将作为今后个人进行考核、延期复核、换证、查验的依据，如信息不吻合，将影响上述有关事项的办理。

企业可自行采集本企业申报人员二代身份证信息，指脉信息须由申报人员至考核基地进行现场采集。

（2）考核

建筑施工特种作业人员考核包括安全技术理论和安全操作技能。

考核内容分掌握、熟悉、了解三类。其中掌握即要求能运用相关特种作业知识解决实际问题；熟悉即要求能较深理解相关特种作业安全技术知识；了解即要求具有相关特种作业的基本知识。

（3）考核办法

1）安全技术理论考核。采用无纸化网络闭卷考试方式，考试时间为2小时，实行百分制，60分为合格。其中，安全生产基本知识占25%、专业基础知识占25%、专业技术理论占50%。

2）安全操作技能考核。采用实际操作（或模拟操作）、口试等方式，考核实行百分制，70分为合格。

3）参考人员在安全技术理论考核合格后，方可参加实际操作技能考核。同一工种的实操考核时间不得早于理论考核时间，在实际操作技能考核合格后，可以取得相应的建筑施工特种作业人员操作资格。

4. 发证

（1）按照住房和城乡建设部《建筑施工特种作业人员管理规定》（建质〔2008〕75号）的规定，考核发证机关对于考核合格的，应当自考核结果公布之日起10个工作日内颁发资格证书。资格证书采用国务院建设主管部门统一规定的式样，由考核发证机关编号后签发。资格证书在全国通用。

（2）江苏省建设行政主管部门从2017年下半年开始，试行发放"电子证书"。此项工作得到了住房和城乡建设部的同意。2017年10月18日，江苏省政务服务管理办公室与省住房和城乡建设厅联合发文《关于启用住房城乡建设领域从业人员考核合格电子证书使用的有关通知》（省政务办发〔2017〕66号），文件规定从2017年12月1日起，全面启用电子证书，停发同名纸质证书。根据《中华人民共和国电子签名法》规定，可靠的电子证书具备与同名纸质证书相同效力。省住房城乡建设厅核发的电子证书，各地在公共资源交易、资质核准予以认可。

（3）电子证书式样（图2-1）

图 2-1 电子证书的样式

第三节 建筑施工特种作业人员的权利

1. 获得劳动安全卫生的保护权利

建筑施工特种作业人员有获得用人单位提供符合国家规定的劳动安全卫生条件和必要的劳动防护用品的权利；并且有要求按照规定获得职业病健康体检、职业病诊疗、康复等职业病防治服务的权利。

2. 对安全生产状况的知情、参与和建议的权利

建筑施工特种作业人员有获得所从事的特种作业，可能面临的任何潜在危险、职业危害，安全与健康可能造成的后果的权利；有参与判别和解决所面临的劳动安全卫生问题的权利；有对本单位的安全生产和劳动安全卫生工作建议的权利。

3. 接受职业技能教育培训的权利

建筑施工特种作业人员有接受职业技能教育和安全生产知识培训的权利，以获得对工作环境、生产过程、机械设备和危险物质等方面的有关安全卫生知识。

4. 拒绝违章指挥和强令冒险作业的权利

建筑施工特种作业人员在单位领导或者有关工程技术人员违章指挥，或者在明知存在危险因素而没有采取安全保护措施，强迫命令操作人员作业时，有拒绝工作的权利。

5. 危险状态下的紧急避险权利

在生产劳动过程中，当发现危及作业人员生命安全的情况时，作业人员有权停止工作或者撤离现场。

6. 安全生产活动的监督与批评、检举、控告和申诉的权利

建筑施工特种作业人员对用人单位遵守劳动安全卫生法律法规和标准，履行保护工人安全健康的责任的情况，有监督的权利。对用人单位违反劳动安全卫生法律法规和标准，不履行其责任的情况，作业人员有批评、检举和控告的权利。在劳动保护等方面受到用人单位不公正待遇时，作业人员有权向有关部门提出申诉的权利。

对作业人员的检举、控告和申诉，建设行政主管部门和其他有关部门应当查清事实，认真处理，不得压制和打击报复。

用人单位不得因作业人员对本单位安全生产工作提出批评、检举、控告或者拒绝违章指挥、强令冒险作业及向有关部门提出申诉而降低其工资、福利等待遇或者解除与其订立的劳动合同。

7. 依法获得工伤保险的权利

生产经营单位必须依法参加工伤社会保险，为从业人员缴纳保险费。建筑施工企业必须为从事危险作业的职工办理意外伤害保险，支付保险费。当作业人员发生工伤事故时，依法获得相关保险的权利。

第四节　建筑施工特种作业人员的义务

1. 遵守有关安全生产的法律、法规和规章的义务

建筑施工特种作业人员在施工活动中，应当遵守有关安全生产的法律、法规和规章。遵守建筑施工安全强制性标准和用人单位的规章制度，严格按照操作规程操作，做到不违规作业，不违章作业。

2. 提高职业技能和安全生产操作水平的义务

建筑施工特种作业人员面对建筑施工活动中的复杂性和多样性，要不断提高职业技能水平。在未上岗之前应参加岗前技能培训和安全生产操作能力的培训，掌握安全操作知识和技能，取得相应合格证书后方可上岗工作。已在工作岗位上的人员，还必须经常性地参加有关教育培训，熟练掌握本工种的各项安全操作技能，不断提高职业技能和安全生产操作水平。

3. 遵守劳动纪律的义务

建筑施工特种作业人员应严格遵守用人单位的劳动纪律。劳动纪律是用人单位为形成和维持生产经营秩序，保证劳动合同得以履行，要求全体员工在集体劳动、工作、生活过程中以及与劳动、工作紧密相关的其他过程中必须共同遵守的规则。

4. 发现事故隐患和其他不安全因素，立即报告的义务

建筑施工特种作业人员在施工现场直接承担具体的作业活动，更容易发现事故隐患或者其他不安全因素，一旦发现事故隐患或者其他不安全因素，作业人员应当立即向现场安全生产管理人员或者本单位负责人报告，不得隐瞒不报或者拖延报告。如果作业人员发现所报告的事故隐患或者其他不安全因素得不到解决，作业人员也可以越级上报。

5. 完成生产任务的义务

建筑施工特种作业人员完成合理的生产任务是应尽的义务，也是取得劳动报酬的基本条件。作业人员在完成合理生产任务的前提下，还应该保证质量，争做生产劳动的积极分子，为企业经济效益、为社会财富的积累、为国家的发展做出自己的应有贡献。

第五节　建筑施工特种作业人员的管理

根据住房和城乡建设部的规定，省、自治区、直辖市人民政府建设主管部门或者其委托的考核机构负责本行政区域内建筑施工特种作业人员的考核工作。

1. 建设行政主管部门的管理职责

（1）省建设行政主管部门的管理职责

1）负责全省范围内建筑施工特种作业人员的考核监督管理工作。

2）研究制定特种作业人员执业资格考核标准、考核大纲，建立相应工种的试题库。

3）认证特种作业人员执业资格考核基地。

4）负责特种作业人员执业资格考核工作的师资教育培训，监督管理考核考务工作。

5）负责特种作业人员执业证书的颁发和管理。

6）负责特种作业人员统计信息工作。

7）其他监督管理工作。

（2）受委托的市、县建设（筑）主管部门的管理职责

1）负责本行政区域内特种作业人员的监督管理工作，制定本地区特种作业人员考核发证管理制度，建立本地区特种作业人员档案。

2）负责考核基地的初审和考评人员的日常管理。

3）负责特种作业人员考核工作的组织实施。

4）负责特种作业人员考核、延期复核、换证的市、县分级审核。

5）负责特种作业人员执业继续教育。

6）负责特种作业人员的统计信息工作。

7）监督检查特种作业人员的从业活动，查处违章行为并记录在档。

8）其他监督管理工作。

2. 用人单位的管理职责：

（1）用人单位对于首次取得执业资格证书的人员，应当在其正式上岗前安排不少于 3 个月的实习操作。实习操作期间，用人单位应当指定专人指导和监督作业。实习操作期满经用人单位考核合格方可独立作业。（所指定的专人应当从已取得相应特种作业资格证书、从事相关工作 3 年以上、无不良记录的熟练工中选取。）

（2）与持有效执业资格证书的特种作业人员订立劳动合同。

（3）制定并落实本单位特种作业安全操作规程和安全管理制度。

（4）书面告知特种作业人员违章操作的危害。

（5）向特种作业人员提供齐全、合格的安全防护用品和安全的作业条件。

（6）组织或者委托有能力的培训机构对本单位特种作业人员进行年度安全生产教育培训或者继续教育，时间不少于 24 小时。

（7）建立本单位特种作业人员管理档案。

（8）查处特种作业人员违章行为并记录在档。

（9）法律法规及有关规定明确的其他职责。

3. 特种作业人员应履行的职责

（1）严格遵守国家有关安全生产规定和本单位的规章制度，按照安全技术标准、规范和规程进行作业。

（2）正确佩戴和使用安全防护用品，并按规定对作业工具和设备进行维护保养。

（3）在施工中发生危及人身安全的紧急情况时，有权立即停止作业或者撤离危险区域，并向施工现场专职安全生产管理人员和项目负责人报告。

（4）自觉参加年度安全教育培训或者继续教育，每年不得少于 24 小时。

（5）拒绝违章指挥，并制止他人违章作业。

（6）法律法规及有关规定明确的其他职责。

4. 特种作业人员资格证书的延期

建筑施工特种作业人员执业资格证书有效期为 2 年。有效期满需要延期的，持证人员本人应当在期满前 3 个月内，向原市县考核受理机关提出申请，市县建设行政主管部门初审后，向省建设行政主管部门申请办理延期复核相关手续。延期复核合格的，证书有效期延期 2 年。

（1）特种作业人员申请资格证书延期复核，应当提交下列材料：

1）延期复核申请表。

2）身份证（原件和复印件）。

3）近 3 个月内由二级乙等以上医院出具的体检合格证明。

4）年度安全教育培训证明和继续教育证明。

5）用人单位出具的特种作业人员管理档案记录。

6）规定提交的其他资料。

（2）特种作业人员在资格证书有效期内，有下列情形之一的，延期复核结果为不合格：

1）超过相关工种规定年龄要求的。

2）身体健康状况不再适应相应特种作业岗位的。

3）对生产安全事故负有直接责任的。

4）2 年内违章操作记录达 3 次（含 3 次）以上的。

5）未按规定参加年度安全教育培训或者继续教育的。

6）规定的其他情形。

（3）市县建设（筑）行政主管部门在接到特种作业人员提交的延期复核申请后，应当根据下列情况分别作出处理：

1）对于不符合延期复核申请相关情形的，市县建设（筑）主管部门自收到延期复核资料之日起 5 个工作日内作出不予延期决定，并说明理由；

2）对于提交资料齐全且符合延期复审申请相关情形的，省建筑主管部门自收到市县建设（筑）主管部门延期复核相关手续之日起 10 个工作日内办理准予延期复核手续。

（4）省建筑主管部门应当在资格证书有效期满前按相关规定作出决定，逾期未作出决定的，视为延期复核合格。

5. 特种作业人员资格证书的撤销与注销

（1）省建筑主管部门对有下列情形之一的，应当撤销资格证书

1）持证人弄虚作假骗取资格证书或者办理延期手续的。

2）工作人员违法核发资格证书的。

3）持证人员因安全生产责任事故承担刑事责任的。

4）规定应当撤销的其他情形。

（2）省建筑主管部门对有下列情形之一的，应当注销资格证书

1）按规定不予延期的。

2）持证人逾期未申请办理延期复核手续的。

3）持证人死亡或者不具有完全民事行为能力的。

4）本人提出要求的。

5）规定应当注销的其他情形。

6. 特种作业人员管理的其他要求

（1）持有特种作业资格证书的执业人员，应当受聘于建筑施工企业或者建筑起重机械出租单位（以下简称用人单位），方可从事相应的特种作业。

（2）任何单位和个人不得非法涂改、倒卖、出租、出借或者以其他形式转让资格证书。

（3）特种作业人员变动工作单位，任何单位和个人不得以任何理由非法扣押其执业资格证书。

（4）各地应当建立举报制度，公开举报电话或者电子信箱，受理有关特种作业人员考核、发证以及延期复核的举报。对受理的举报，有关机关和工作人员应当及时妥善处理。

第三章 建筑施工安全生产相关法规及管理制度

第一节 建筑安全生产相关法律主要内容

《中华人民共和国宪法》规定：国家通过各种途径，创造劳动就业条件，加强劳动保护，改善劳动条件，并在发展生产的基础上，提高劳动报酬和福利待遇。

劳动是一切有劳动能力的公民的光荣职责。国有企业和城乡集体经济组织的劳动者都应当以国家主人翁的态度对待自己的劳动。国家提倡社会主义劳动竞赛，奖励劳动模范和先进工作者。

1.《中华人民共和国建筑法》相关内容

（1）建筑活动应当确保建筑工程质量和安全，符合国家的建筑工程安全标准。

（2）从事建筑活动应当遵守法律、法规，不得损害社会公共利益和他人的合法权益。

（3）建筑工程安全生产管理必须坚持安全第一、预防为主的方针，建立健全安全生产的责任制度和群防群治制度。

（4）建筑施工企业应当在施工现场采取维护安全、防范危险、预防火灾等措施；有条件的，应当对施工现场实行封闭管理。

施工现场对毗邻的建筑物、构筑物和特殊作业环境可能造成损害的，建筑施工企业应当采取安全防护措施。

（5）建筑施工企业应当遵守有关环境保护和安全生产的法律、法规的规定，采取控制和处理施工现场的各种粉尘、废气、废水、固体废物以及噪声、振动对环境的污染和危害的措施。

（6）建筑施工企业必须依法加强对建筑安全生产的管理，执行安全生产责任制度，采取有效措施，防止伤亡和其他安全生产事故的发生。

建筑施工企业的法定代表人对本企业的安全生产负责。

（7）施工现场安全由建筑施工企业负责。实行施工总承包的，由总承包单位负责。分包单位向总承包单位负责，服从总承包单位对施工现场的安全生产管理。

（8）建筑施工企业应当建立健全劳动安全生产教育培训制度，加强对职工安全生产的教育培训；未经安全生产教育培训的人员，不得上岗作业。

（9）建筑施工企业和作业人员在施工过程中，应当遵守有关安全生产的法律、法规和建筑行业安全规章、规程，不得违章指挥或者违章作业。作业人员有权对影响人身健康的作业程序和作业条件提出改进意见，有权获得安全生产所需的防护用品。作业人员对危及生命安全和人身健康的行为有权提出批评、检举和控告。

（10）建筑施工企业必须为从事危险作业的职工办理意外伤害保险，支付保险费。

（11）施工中发生事故时，建筑施工企业应当采取紧急措施减少人员伤亡和事故损失，并按照国家有关规定及时向有关部门报告。

2.《中华人民共和国安全生产法》相关内容

（1）生产经营单位必须遵守本法和其他有关安全生产的法律、法规，加强安全生产管理，建立、健全安全生产责任制和安全生产规章制度，改善安全生产条件，推进安全生产标准化建设，提高安全生产水平，确保安全生产。

（2）有关协会组织依照法律、行政法规和章程，为生产经营单位提供安全生产方面的信息、培训等服务，发挥自律作用，促进生产经营单位加强安全生产管理。

（3）国家实行生产安全事故责任追究制度，依照本法和有关法律、法规的规定，追究生产安全事故责任人员的法律责任。

（4）生产经营单位应当对从业人员进行安全生产教育和培训，保证从业人员具备必要的安全生产知识，熟悉有关的安全生产规章制度和安全操作规程，掌握本岗位的安全操作技能，了解事故应急处理措施，知悉自身在安全生产方面的权利和义务。未经安全生产教育和培训合格的从业人员，不得上岗作业。

（5）生产经营单位的特种作业人员必须按照国家有关规定经专门的安全作业培训，取得相应资格，方可上岗作业。

（6）生产经营单位应当建立健全生产安全事故隐患排查治理制度，采取技术、管理措施，及时发现并消除事故隐患。事故隐患排查治理情况应当如实记录，并向从业人员通报。

（7）承担安全评价、认证、检测、检验的机构应当具备国家规定的资质条件，并对其作出的安全评价、认证、检测、检验的结果负责。

（8）负有安全生产监督管理职责的部门应当建立举报制度，公开举报电话、信箱或者电子邮件地址，受理有关安全生产的举报；受理的举报事项经调查核实后，应当形成书面材料；需要落实整改措施的，报经有关负责人签字并督促落实。

（9）任何单位或者个人对事故隐患或者安全生产违法行为，均有权向负有安全生产监督管理职责的部门报告或者举报。

（10）新闻、出版、广播、电影、电视等单位有进行安全生产宣传教育的义务，有对违反安全生产法律、法规的行为进行舆论监督的权利。

3.《中华人民共和国特种设备安全法》相关内容

（1）特种设备生产、经营、使用单位应当遵守本法和其他有关法律、法规，建立、健全特种设备安全和节能责任制度，加强特种设备安全和节能管理，确保特种设备生产、经营、使用安全，符合节能要求。

（2）任何单位和个人有权向负责特种设备安全监督管理的部门和有关部门举报涉及特种设备安全的违法行为，接到举报的部门应当及时处理。

（3）特种设备生产、经营、使用单位及其主要负责人对其生产、经营、使用的特种设备安全负责。

特种设备生产、经营、使用单位应当按照国家有关规定配备特种设备安全管理人员、检测人员和作业人员，并对其进行必要的安全教育和技能培训。

（4）特种设备安全管理人员、检测人员和作业人员应当按照国家有关规定取得相应资格，方可从事相关工作。特种设备安全管理人员、检测人员和作业人员应当严格执行安全技术规范和管理制度，保证特种设备安全。

（5）特种设备使用单位应当建立岗位责任、隐患治理、应急救援等安全管理制度，制定操作规程，保证特种设备安全运行。

（6）特种设备使用单位应当建立特种设备安全技术档案。

安全技术档案应当包括以下内容：

1）特种设备的设计文件、产品质量合格证明、安装及使用维护保养说明、监督检验证明等相关技术资料和文件；

2）特种设备的定期检验和定期自行检查记录；

3）特种设备的日常使用状况记录；

4）特种设备及其附属仪器仪表的维护保养记录；

5）特种设备的运行故障和事故记录。

（7）特种设备的使用应当具有规定的安全距离、安全防护措施。

（8）特种设备使用单位应当对其使用的特种设备进行经常性维护保养和定期自行检查，并作出记录。

特种设备使用单位应当对其使用的特种设备的安全附件、安全保护装置进行定期校验、检修，并作出记录。

（9）特种设备使用单位应当按照安全技术规范的要求，在检验合格有效期届满前一个月向特种设备检验机构提出定期检验要求。

特种设备检验机构接到定期检验要求后，应当按照安全技规范的要求及时进行安全性能检验。特种设备使用单位应当将定期检验标志置于该特种设备的显著位置。

未经定期检验或者检验不合格的特种设备，不得继续使用。

（10）特种设备安全管理人员应当对特种设备使用状况进行经常性检查，发现问题应当立即处理；情况紧急时，可以决定停止使用特种设备并及时报告本单位有关负责人。

特种设备作业人员在作业过程中发现事故隐患或者其他不安全因素，应当立即向特种设备安全管理人员和单位有关负责人报告；特种设备运行不正常时，特种设备作业人员应当按照操作规程采取有效措施保证安全。

（11）特种设备出现故障或者发生异常情况，特种设备使用单位应当对其进行全面检查，消除事故隐患，方可继续使用。

（12）负责特种设备安全监督管理的部门在依法履行监督检查职责时，可以行使下列职权：

1）进入现场进行检查，向特种设备生产、经营、使用单位和检验、检测机构的主要负责人和其他有关人员调查、了解有关情况；

2）根据举报或者取得的涉嫌违法证据，查阅、复制特种设备生产、经营、使用单位和检验、检测机构的有关合同、发票、账簿以及其他有关资料；

3）对有证据表明不符合安全技术规范要求或者存在严重事故隐患的特种设备实施查封、扣押；

4）对流入市场的达到报废条件或者已经报废的特种设备实施查封、扣押；

5）对违反本法规定的行为作出行政处罚决定。

（13）特种设备使用单位应当制定特种设备事故应急专项预案，并定期进行应急演练。

（14）特种设备发生事故后，事故发生单位应当按照应急预案采取措施，组织抢救，防止事故扩大，减少人员伤亡和财产损失，保护事故现场和有关证据，并及时向事故发生地县级以上人民政府负责特种设备安全监督管理的部门和有关部门报告。

与事故相关的单位和人员不得迟报、谎报或者瞒报事故情况，不得隐匿、毁灭有关证据或者故意破坏事故现场。

4.《中华人民共和国劳动合同法》相关内容

（1）用人单位自用工之日起即与劳动者建立劳动关系。用人单位应当建立职工名册备查。

（2）用人单位招用劳动者时，应当如实告知劳动者工作内容、工作条件、工作地点、职业危害、安全生产状况、劳动报酬，以及劳动者要求了解的其他情况；用人单位有权了解劳动者与劳动合同直接相关的基本情况，劳动者应当如实说明。

（3）用人单位招用劳动者，不得扣押劳动者的居民身份证和其他证件，不得要求劳动者提供担保或者以其他名义向劳动者收取财物。

（4）建立劳动关系，应当订立书面劳动合同。

已建立劳动关系，未同时订立书面劳动合同的，应当自用工之日起一个月内订立书面劳动合同。

用人单位与劳动者在用工前订立劳动合同的，劳动关系自用工之日起建立。

（5）劳动合同无效或者部分无效的情形：

1）以欺诈、胁迫的手段或者乘人之危，使对方在违背真实意思的情况下订立或者变更劳动合同的；

2）用人单位免除自己的法定责任、排除劳动者权利的；

3）违反法律、行政法规强制性规定的。

对劳动合同的无效或者部分无效有争议的，由劳动争议仲裁机构或者人民法院确认。

（6）用人单位应当按照劳动合同约定和国家规定，向劳动者及时足额支付劳动报酬。

用人单位拖欠或者未足额支付劳动报酬的，劳动者可以依法向当地人民法院申请支付令，人民法院应当依法发出支付令。

（7）用人单位应当严格执行劳动定额标准，不得强迫或者变相强迫劳动者加班。用人单位安排加班的，应当按照国家有关规定向劳动者支付加班费。

（8）劳动者拒绝用人单位管理人员违章指挥、强令冒险作业的，不视为违反劳动合同。

劳动者对危害生命安全和身体健康的劳动条件，有权对用人单位提出批评、检举和控告。

5.《中华人民共和国刑法》相关内容

（1）【重大责任事故罪】在生产、作业中违反有关安全管理的规定，因而发生重大伤亡事故或者造成其他严重后果的，处三年以下有期徒刑或者拘役；情节特别恶劣的，处三年以上七年以下有期徒刑。

（2）【强令违章冒险作业罪】强令他人违章冒险作业，因而发生重大伤亡事故或者造成其他严重后果的，处五年以下有期徒刑或者拘役；情节特别恶劣的，处五年以上有期徒刑。

（3）【重大劳动安全事故罪】安全生产设施或者安全生产条件不符合国家规定，因而发生重大伤亡事故或者造成其他严重后果的，对直接负责的主管人员和其他直接责任人员，处三年以下有期徒刑或者拘役；情节特别恶劣的，处三年以上七年以下有期徒刑。

（4）【工程重大安全事故罪】建设单位、设计单位、施工单位、工程监理单位违反国家规定，降低工程质量标准，造成重大安全事故的，对直接责任人员，处五年以下有期徒刑或者拘役，并处罚金；后果特别严重的，处五年以上十年以下有期徒刑，并处罚金。

（5）【消防责任事故罪】违反消防管理法规，经消防监督机构通知采取改正措施而拒绝执行，造成严重后果的，对直接责任人员，处三年以下有期徒刑或者拘役；后果特别严重的，处三年以上七年以下有期徒刑。

（6）【不报、谎报安全事故罪】在安全事故发生后，负有报告职责的人员不报或者谎报事故情况，贻误事故抢救，情节严重的，处三年以下有期徒刑或者拘役；情节特别严重的，处三年以上七年以下有期徒刑。

第二节　建筑安全生产相关
法规主要内容

1.《建设工程安全生产管理条例》

条例规定了施工单位的相关安全责任，包括：依法取得资质和承揽工程；建立健全安全生产制度和操作规程；保证本单位安全生产条件所需资金的投入；设立安全生产管理机构，配备专职安全生产管理人员；总承包单位对施工现场的安全生产负总责；总承包单位和分包单位对分包工程的安全生产承担连带责任；特种作业人员必须按照国家有关规定经过专门的安全作业培训，并取得特种作业操作资格证书；施工单位的施工组织设计及专项施工方案管理责任；建设工程施工安全技术交底责任；施工现场、办公、生活区安全文明管理责任；相邻建筑物及环保管理责任；施工现场防火管理责任；施工作业人员安全防护及劳保管理责任；施工机械管理责任；施工单位的主要负责人、项目负责人、专职安全生产管理人员任职管理责任；施工单位应当对管理人员和作业人员的安全生产教育培训管理责任；施工单位应当为施工现场从事危险作业的人员办理意外伤害保险等相关安全责任。

相关内容：

（1）垂直运输机械作业人员、安装拆卸工、爆破作业人员、起重信号工、登高架设作业人员等特种作业人员，必须按照国家有关规定经过专门的安全作业培训，并取得特种作业操作资格证书后，方可上岗作业。

（2）施工单位应当在施工现场入口处、施工起重机械、临时用电设施、脚手架、出入通道口、楼梯口、电梯井口、孔洞口、桥梁口、隧道口、基坑边沿、爆破物及有害危险气体和液体存放处等危险部位，设置明显的安全警示标志。安全警示标志必须符合国家标准。

施工单位应当根据不同施工阶段和周围环境及季节、气候的变化，在施工现场采取相应的安全施工措施。施工现场暂时停止施工的，施工单位应当做好现场防护，所需费用由责任方承担，或者按照合同约定执行。

（3）施工单位应当向作业人员提供安全防护用具和安全防护服装，并书面告知危险岗位的操作规程和违章操作的危害。

作业人员有权对施工现场的作业条件、作业程序和作业方式中存在的安全问题提出批评、检举和控告，有权拒绝违章指挥和强令冒险作业。

在施工中发生危及人身安全的紧急情况时，作业人员有权立即停止作业或者在采取必要的应急措施后撤离危险区域。

2.《生产安全事故报告和调查处理条例》

条例对事故报告，事故调查，事故等级及事故处理作出了规定。

相关内容：

（1）根据生产安全事故造成的人员伤亡或者直接经济损失，事故一般分为以下等级：

1）特别重大事故，是指造成 30 人（含 30 人）以上死亡，或者 100 人（含 100 人）以上重伤（包括急性工业中毒，下同），或者 1 亿元（含 1 亿元）以上直接经济损失的事故；

2）重大事故，是指造成 10 人（含 10 人）以上 30 人以下死亡，或者 50 人（含 50 人）以上 100 人以下重伤，或者 5000 万元（含 5000 万元）以上 1 亿元以下直接经济损失的事故；

3）较大事故，是指造成 3 人（含 3 人）以上 10 人以下死亡，或者 10 人（含 10 人）以上 50 人以下重伤，或者 1000 万元（含 1000 万元）以上 5000 万元以下直接经济损失的事故；

4）一般事故，是指造成 3 人以下死亡，或者 10 人以下重伤，或者 1000 万元以下直接经济损失的事故。

（2）事故发生后，事故现场有关人员应当立即向本单位负责人报告；单位负责人接到报告后，应当于1小时内向事故发生地县级以上人民政府安全生产监督管理部门和负有安全生产监督管理职责的有关部门报告。

情况紧急时，事故现场有关人员可以直接向事故发生地县级以上人民政府安全生产监督管理部门和负有安全生产监督管理职责的有关部门报告。

（3）事故调查组有权向有关单位和个人了解与事故有关的情况，并要求其提供相关文件、资料，有关单位和个人不得拒绝。

事故发生单位的负责人和有关人员在事故调查期间不得擅离职守，并应当随时接受事故调查组的询问，如实提供有关情况。

事故调查中发现涉嫌犯罪的，事故调查组应当及时将有关材料或者其复印件移交司法机关处理。

3.《特种设备安全监察条例》

（1）特种设备生产、使用单位应当建立健全特种设备安全、节能管理制度和岗位安全、节能责任制度。

特种设备生产、使用单位的主要负责人应当对本单位特种设备的安全和节能全面负责。

特种设备生产、使用单位和特种设备检验检测机构，应当接受特种设备安全监督管理部门依法进行的特种设备安全监察。

（2）特种设备出现故障或者发生异常情况，使用单位应当对其进行全面检查，消除事故隐患后，方可重新投入使用。

（3）特种设备使用单位应当对特种设备作业人员进行特种设备安全、节能教育和培训，保证特种设备作业人员具备必要的特种设备安全、节能知识。

特种设备作业人员在作业中应当严格执行特种设备的操作规程和有关的安全规章制度。

（4）特种设备作业人员在作业过程中发现事故隐患或者其他不安全因素，应当立即向现场安全管理人员和单位有关负责人报告。

第三节 建筑安全生产相关规章及规范性文件主要内容

1.《建筑起重机械安全监督管理规定》

（1）使用单位应当履行下列安全职责：

1）根据不同施工阶段、周围环境以及季节、气候的变化，对建筑起重机械采取相应的安全防护措施；

2）制定建筑起重机械生产安全事故应急救援预案；

3）在建筑起重机械活动范围内设置明显的安全警示标志，对集中作业区做好安全防护；

4）设置相应的设备管理机构或者配备专职的设备管理人员；

5）指定专职设备管理人员、专职安全生产管理人员进行现场监督检查；

6）建筑起重机械出现故障或者发生异常情况的，立即停止使用，消除故障和事故隐患后，方可重新投入使用。

（2）使用单位应当对在用的建筑起重机械及其安全保护装置、吊具、索具等进行经常性和定期的检查、维护和保养，并做好记录。

（3）禁止擅自在建筑起重机械上安装非原制造厂制造的标准节和附着装置。

（4）建筑起重机械特种作业人员应当遵守建筑起重机械安全操作规程和安全管理制度，在作业中有权拒绝违章指挥和强令冒险作业，有权在发生危及人身安全的紧急情况时立即停止作业或者采取必要的应急措施后撤离危险区域。

（5）建筑起重机械安装拆卸工、起重信号工、起重司机、司索工等特种作业人员应当经建设主管部门考核合格，并取得特种作业操作资格证书后，方可上岗作业。

省、自治区、直辖市人民政府建设主管部门负责组织实施建筑施工企业特种作业人员的考核。

2. 《危险性较大的分部分项工程安全管理办法》

办法对危险性较大的分部分项工程，即房屋建筑和市政基础设施工程在施工过程中，容易导致人员群死群伤或者造成重大经济损失的分部分项工程的前期保障、专项施工方案、现场安全管理及监督管理明确了具体要求。

（1）施工单位应当在施工现场显著位置公告危大工程名称、施工时间和具体责任人员，并在危险区域设置安全警示标志。

（2）专项施工方案实施前，编制人员或者项目技术负责人应当向施工现场管理人员进行方案交底。

施工现场管理人员应当向作业人员进行安全技术交底，并由双方和项目专职安全生产管理人员共同签字确认。

（3）施工单位应当对危大工程施工作业人员进行登记，项目负责人应当在施工现场履职。

项目专职安全生产管理人员应当对专项施工方案实施情况进行现场监督，对未按照专项施工方案施工的，应当要求立即整改，并及时报告项目负责人，项目负责人应当及时组织限期整改。

施工单位应当按照规定对危大工程进行施工监测和安全巡视，发现危及人身安全的紧急情况，应当立即组织作业人员撤离危险区域。

（4）危大工程发生险情或者事故时，施工单位应当立即采取应急处置措施，并报告工程所在地住房城乡建设主管部门。建设、勘察、设计、监理等单位应当配合施工单位开展应急抢险工作。

第四章 建筑施工安全防护基本知识

第一节 个人安全防护用品的使用

1. 安全帽

安全帽是对人的头部受坠落物及其他特定因素引起的伤害起防护作用的防护用品。由帽壳、帽衬、下颌带和帽箍等组成。

施工现场工人必须佩戴安全帽。

（1）安全帽的作用

主要是为了保护头部不受到伤害。并在出现以下几种情况时保护人的头部不受伤害或降低头部伤害的程度。

1）飞来或坠落下来的物体击向头部时；

2）当作业人员从 2m 及以上的高处坠落下来时；

3）当头部有可能触电时；

4）在低矮的部位行走或作业，头部有可能碰到尖锐、坚硬的物体时。

（2）安全帽佩戴注意事项

安全帽的佩戴要符合标准，使用应符合规定。佩戴时要注意下列事项：

1）戴安全帽前应将调整带按自己头型调整到适合的位置，然后将帽内弹性带系牢。缓冲衬垫的松紧由带子调节，人的头顶和帽体内顶部的空间垂直距离一般在 25～50mm 之间。这样才能保证当遭受到冲击时，帽体有足够的空间可供缓冲，平时也有利于头和帽体间的通风。

2）不要把安全帽歪戴，也不要把帽檐戴在脑后方。否则，会降低安全帽对于冲击的防护作用。

3）为充分发挥保护力，安全帽佩戴时必须按头围的大小调整帽箍并系紧下颏带。

4）安全帽体顶部除了在帽体内部安装了帽衬外，有的还开了小孔通风。但在使用时不要为了透气而随便再行开孔，因为这样做会降低帽体的强度。

5）安全帽要定期检查。检查有没有龟裂、下凹、裂痕和磨损等情况，发现异常现象要立即更换，不准再继续使用。任何受过重击、有裂痕的安全帽，不论有无损坏现象，均应报废。

6）在现场室内作业也要戴安全帽，特别是在室内带电作业时，更要认真戴好安全帽，因为安全帽不但可以防碰撞，而且还能起到绝缘作用。

7）平时使用安全帽时应保持整洁，不能接触火源，不要任意涂刷油漆，不准当凳子坐。如果丢失或损坏，必须立即补发或更换，无安全帽一律不准进入施工现场。

2. 安全带

安全带是用于防止高处作业人员发生坠落或发生坠落后将作业人员安全悬挂的个体防护装备。主要由安全绳、缓冲器、主带、辅带等部件组成。

为了防止作业者在某个高度和位置上可能出现的坠落，作业者在登高和高处作业时，必须系挂好安全带。安全带的使用和维护有以下几点要求：

（1）高处作业施工前，应对作业人员进行安全技术教育及交底，并应配备相应防护用品。作业人员应从思想上重视安全带的作用，作业前必须按规定要求系好安全带。

（2）安全带在使用前要检查各部位是否完好无损，所有零部件应顺滑，无材料或制造缺陷，无尖角或锋利边缘。

（3）挂点强度应满足安全带的负荷要求，挂点不是安全带的组成部分，但同安全带的使用密切相关。高处作业如无固定挂点，应采用适当强度的钢丝绳或采取其他方法悬挂。禁止挂在移动或带尖税棱角或不牢固的物件上。

（4）高挂低用。将安全带挂在高处，人在下面工作就叫高挂低用。它可以使坠落发生时的实际冲击距离减小。与之相反的是低挂高用。因为当坠落发生时，实际冲击的距离会加大，人和绳都要受到较大的冲击负荷。所以安全带必须高挂低用，严禁低挂高用。

（5）安全带绳保护套要保持完好，以防绳被磨损。若发现保护套损坏或脱落，必须加上新套后再使用。

（6）安全带严禁擅自接长使用。如果使用 3m 及以上的长绳时必须要加缓冲器，各部件不得任意拆除。

（7）安全带在使用后，要注意维护和保管。要经常检查安全带缝制部分和挂钩部分，必须详细检查捻线是否发生裂断和残损等。

（8）安全带不使用时要妥善保管，不可接触高温、明火、强酸、强碱或尖锐物体，不要存放在潮湿的仓库中保管。

（9）安全带在使用两年后应抽验一次，频繁使用应经常进行外观检查，发现异常必须立即更换。定期或抽样试验用过的安全带，不准再继续使用。

3. 防护服

建筑施工现场作业人员应穿着工作服。焊工的工作服一般为白色，其他工种的工作服没有颜色的限制。

（1）防护服的分类

建筑施工现场的防护服主要有以下几类：

1）全身防护型工作服；

2）防毒工作服；

3）耐酸工作服；

4）耐火工作服；

5）隔热工作服；

6）通气冷却工作服；

7）通水冷却工作服；

8）防射线工作服；

9）劳动防护雨衣；

10）普通工作服。

（2）防护服的穿着

施工现场对作业人员防护服的穿着要求主要有：

1）作业人员作业时必须穿着工作服；

2）操作转动机械时，袖口必须扎紧；

3）从事特殊作业的人员必须穿着特殊作业防护服；

4）焊工工作服应是白色帆布制作的。

4. 防护鞋

防护鞋的种类比较多，应根据作业场所和内容的不同选择使用。电力建设施工现场上常用的有绝缘靴（鞋）、焊接防护鞋、耐酸碱橡胶靴及皮安全鞋等。

对绝缘鞋的要求有：

（1）必须在规定的电压范围内使用；

（2）绝缘鞋（靴）胶料部分无破损，且每半年作一次预防性试验；

（3）在浸水、油、酸、碱等条件上不得作为辅助安全用具使用。

5. 防护手套

使用防护手套时，必须对工件、设备及作业情况分析之后，选择适当材料制作的，操作方便的手套，方能起到保护作用。施工现场上常用的防护手套有下列几种：

（1）劳动保护手套。具有保护手和手臂的功能，作业人员工作时一般都使用这类手套。

（2）带电作业用绝缘手套。要根据电压选择适当的手套，检查表面有无裂痕、发黏、发脆等缺陷，如有异常禁止使用。

（3）耐酸、耐碱手套。主要用于接触酸和碱时戴的手套。

（4）橡胶耐油手套。主要用于接触矿物油、植物油及脂肪簇的各种溶剂作业时戴的手套。

（5）焊工手套。电、火焊工作业时戴的防护手套，应检查皮革或帆布表面有无僵硬、薄档、洞眼等残缺现象，如有缺陷，不准使用。手套要有足够的长度，手腕部不能裸露在外边。

第二节　安全色与安全标志

安全色和安全标志是国家规定的两个传递安全信息的标准。尽管安全色和安全标志是一种消极的、被动的防御性的安全警告装置，并不能消除、控制危险，不能取代其他防范安全生产事故的各种措施，但它们形象而醒目地向人们提供了禁止、警告、指令、提示等安全信息，对于预防安全生产事故的发生具有重要作用。

1. 安全色的概念

安全色，就是传递安全信息含义的颜色，包括红、蓝、黄、绿四种颜色。对比色，是使安全色更加醒目的反衬色，包括黑、白两种颜色。对比色要与安全色同时使用。

安全色适用于工业企业、交通运输、建筑、消防、仓库、医院及剧场等公共场所使用的信号和标志的表面色，不适用于灯光信号、航海、内河航运以及其他目的而使用的颜色。

2. 安全色的含义

安全色的红、蓝、黄、绿四种颜色，分别代表不同的含义。

（1）红色。表示禁止、停止、危险以及消防设备的意思。凡是禁止、停止、消防和有危险的器件或环境均应涂以红色的标记作为警示的信号。

（2）蓝色。表示指令，要求人们必须遵守的规定。

（3）黄色。表示提醒人们注意。凡是警告人们注意的器件、设备及环境都应以黄色表示。

（4）绿色。表示给人们提供允许、安全的信息。

（5）对比色与安全色同时使用。

（6）安全色与对比色的相间条纹。

红色与白色相间条纹——表示禁止人们进入危险环境。

黄色与黑色相间条纹——表示提示人们特别注意的意思。

蓝色和白色相间条纹——表示必须遵守规定的意思。

绿色和白色相间条纹——与提示标志牌同时使用，更为醒目地提示人们。

3. 安全色的使用

安全色的使用范围很广，可以使用在安全标志上，也可以直接使用在机械设备上；可以在室内使用，也可以在户外使用。如红色的，各种禁止标志；黄色的，各种警告标志；蓝色的，各种指令标志；绿色的，各种提示标志等等。

安全色有规定的颜色范围，超出范围就不符合安全色的要求。颜色范围所规定的安全色是最不容易互相混淆的颜色。对比色是为了使安全色更加醒目而采用的反衬色，它的作用是提高物体颜色的对比度。

4. 安全标志的概念

安全标志是用以表达特定安全信息的标志，由图形符号、安全色、几何图形（边框）或文字构成。

安全标志适用于工矿企业、建筑工地、厂内运输和其他有必要提醒人们注意安全的场所。使用安全标志，能够引起人们对不安全因素的注意，从而达到预防事故、保证安全的目的。但是，安全标志的使用只是起到提示、提醒的作用，它不能代替安全操作规程，也不能代替其他的安全防护措施。

5. 安全标志的种类

安全标志分禁止标志、警告标志、指令标志和提醒标志四大类型。

（1）禁止标志。禁止标志的含义是禁止人们安全行为的图形标志。其基本形式是带斜杠的圆边框，采用红色作为安全色。

（2）警告标志。警告标志的基本含义是提醒人们对周围环境引起注意，以避免可能发生危险的图形标志。其基本形式是正三角形边框，采用黄色作为安全色。

（3）指令标志。指令标志的含义是强制人们必须做出某种动作或采用防范措施的图形标志。其基本形式是圆形边框,采用蓝色作为安全色。

(4) 提示标志。提示标志的含义是向人们提供某种信息(如标明安全设施或场所等)的图形标志。其基本形式是正方形边框,采用绿色作为安全色。

第三节　高处作业安全知识

1. 高处作业的基本概念

凡在坠落高度基准面 2m 及以上,有可能坠落的高处进行的作业,均称为高处作业。

2. 建筑施工高处作业常见形式及安全措施

(1) 临边作业

临边作业是指在工作面边沿无围护或围护设施高度低于800mm 的高处作业,包括楼板边、楼梯段边、屋面边、阳台边、各类坑、沟、槽等边沿的高处作业。

进行临边作业时,应在临空一侧设置防护栏杆,并应采用密目式安全立网或工具式栏板封闭。

1) 分层施工的楼梯口、楼梯平台和梯段边,应安装防护栏杆;外设楼梯口、楼梯平台和梯段边还应采用密目式安全立网封闭。

2) 建筑物外围边沿处,应采用密目式安全立网进行全封闭,有外脚手架的工程,密目式安全立网应设置。

3) 在脚手架外侧立杆上,并与脚手杆紧密连接;没有外脚手架的工程,应采用密目式安全立网将临边全封闭。

4) 施工升降机、龙门架和井架物料提升机等各类垂直运输设备设施与建筑物间设置的通道平台两侧边,应设置防护栏杆、挡脚板,并应采用密目式安全立网或工具式栏板封闭。

5) 各类垂直运输接料平台口应设置高度不低于 1.80m 的楼层防护门,并应设置防外开装置;多笼井架物料提升机通道中间，应分别设置隔离设施。

（2）洞口作业

洞口作业是指在地面、楼面、屋面和墙面等有可能使人和物料坠落，其坠落高度大于或等于2m的洞口处的高处作业。

在洞口作业时，应采取防坠落措施，并应符合下列规定：

1）当垂直洞口短边边长小于500mm时，应采取封堵措施；当垂直洞口短边边长大于或等于500mm时，应在临空一侧设置高度不小于1.2m的防护栏杆，并应采用密目式安全立网或工具式栏板封闭，设置挡脚板；

2）当非垂直洞口短边尺寸为25～500mm时，应采用承载力满足使用要求的盖板覆盖，盖板四周搁置应均衡，且应防止盖板移位；

3）当非垂直洞口短边边长为500～1500mm时，应采用专项设计盖板覆盖，并应采取固定措施；

4）当非垂直洞口短边长大于或等于1500mm时，应在洞口作业侧设置高度不小于1.2m的防护栏杆，并应采用密目式安全立网或工具式栏板封闭；洞口应采用安全平网封闭。

5）电梯井口应设置防护门，其高度不应小于1.5m，防护门底端距地面高度不应大于50mm，并应设置挡脚板。

6）在进入电梯安装施工工序之前，同时井道内应每隔10m且不大于2层加设一道水平安全网。电梯井内的施工层上部，应设置隔离防护设施。

7）施工现场通道附近的洞口、坑、沟、槽、高处临边等危险作业处，应悬挂安全警示标志外，夜间应设灯光警示。

8）边长不大于500mm洞口所加盖板，应能承受不小于1.1kN/m^{2}的荷载。

9）墙面等处落地的竖向洞口、窗台高度低于800mm的竖向洞口及框架结构在浇注完混凝土没有砌筑墙体时的洞口，应按临边防护要求设置防护栏杆。

（3）攀登作业

攀登作业是指借助登高用具或登高设施进行的高处作业。攀登作业应注意以下事项：

1) 攀登的用具，结构构造上必须牢固可靠。

2) 梯子底部应坚实，并有防滑措施，不得垫高使用，梯子的上端应有固定措施。

3) 单梯不得垫高使用，使用时应与水平面成 75°夹角，踏步不得缺失，其间距宜为 300mm。当梯子需接长使用时，应有可靠的连接措施，接头不得超过 1 处。连接后梯梁的强度，不应低于单梯梯梁的强度。

4) 固定式直爬梯应用金属材料制成。使用直爬梯进行攀登作业时，攀登高度以 5m 为宜，超过 8m 时，应设置梯间平台。

5) 上下梯子时，必须面向梯子，且不得手持器物。

（4）交叉作业

交叉作业是指垂直空间贯通状态下，可能造成人员或物体坠落，并处于坠落半径范围内、上下左右不同层面的立体作业。交叉作业时应注意以下事项：

1) 各工种进行上下立体交叉作业时，不得在同一垂直方向上操作，下层作业的位置，必须处于依上层高度确定的可能坠落半径范围之外，不符合以上条件时，应设安全防护层。

2) 钢模板、脚手架拆除时，下方不得有人施工。

3) 模板拆除后，临边堆放处离楼层边沿不应小于 1m，堆放高度不得超过 1m，楼层边口、通道口、脚手架边缘等处，严禁堆放任何物件。

4) 结构施工自 2 层起，凡人员进出的通道口（包括井架、施工电梯的进出通道口），均应搭设双层防护棚。

5) 在建建筑物旁或在塔机吊臂回转半径范围之内的主要通道，临时设施，钢筋、本工作业区等必须搭设双层防护棚。

第五章 施工现场消防基本知识

第一节 施工现场消防知识概述及常用消防器材

1. 施工现场消防知识概述

我国消防工作实行预防为主、消防结合的方针。按照政府统一领导、部门依法监管、单位全面负责、公民积极参与的原则，实行消防安全责任制，建立健全社会化的消防工作网络。

建设工程施工现场的防火，必须遵循国家有关方针、政策，针对不同施工现场的火灾特点，立足自防自救，采取可靠防火措施，做到安全可靠、经济合理、方便适用。

燃烧的发生必须具备三个条件，即：可燃物、助燃物和着火源。因此，制止火灾发生的基本措施包括：

（1）控制可燃物，以难燃或不燃的材料代替易燃或可燃的。

（2）隔绝空气，使用易燃物质的生产应密闭的设备中进行。

（3）消除着火源。

（4）阻止火势蔓延，在建筑物之间筑防火墙，设防火间距，防止火灾扩大。

2. 建筑施工现场消防器材的配置和使用

（1）在建工程及临时用房的下列场所应配置灭火器：

1）易燃易爆危险品存放及使用场所；

2）动火作业场所；

3）可燃材料存放、加工及使用场所；

4）厨房操作间、锅炉房、发电机房、变配电房、设备用房、办公用房、宿舍等临时用房；

5）其他具有火灾危险的场所。

（2）建筑施工现场常用灭火器及使用方法：

1）泡沫灭火器。药剂：筒内装有碳酸氢钠、发沫剂、硫酸铝溶液。用途：适用于扑救油脂类、石油产品及一般固体初起的火灾；不适用于扑救忌水化学品和电气火灾。使用方法：手指堵住喷嘴，将筒体上下颠倒 2 次，打开开关，药剂即喷出。

2）干粉灭火器。药剂：钢筒内装有钾盐或钠盐粉，并备有盛装压缩气体的小钢瓶。用途：适用于扑救石油及其产品、可燃气体和电气设备初起的火灾。使用方法：提起筒，拔掉保险销环，干粉即可喷出。

3）二氧化碳灭火器。药剂：瓶内装有压缩或液态的二氧化碳。用途：主要适用于扑救贵重设备档案资料，仪器仪表，600V 以下的电器及油脂等火灾；禁止使用二氧化碳灭火器灭火的物品有，遇有燃烧物品中的锂、钠、钾、铯、锶、镁、铝粉等。使用方法：拔掉安全销，一手拿好喇叭筒对着火源，另一手压紧压把打开开关即可。

4）酸碱灭火器。用途：主要适用于扑救竹、木、棉、毛、草、纸等一般初起火灾，但对忌水的化学物品、电气、油类不宜用。

（3）消防栓、消防带、消防水枪

消防栓按安装区域分有室内、室外消防栓两种；按安装位置分有地上式与地下式两种；按消防介质分有水消防栓和泡沫消防栓两种。消防栓应在任意时刻均处于工作状态。

1）消防水带应配相对口径的水带接口方能使用。水带接口装置于水带两端，用于水带与水带、消火栓或水枪之间的连接，以便进行输水或水和泡沫混合液，其接口为内扣式。

2）水枪是装在水带接口上，起射水作用的专用部件。各种水枪的接口形式均为内扣式。

3）消防栓的开关位置在其顶部，必须用专用扳手操作，其顶盖上有开关标志符。

使用时应先安好消防水带，之后打开消防栓上封盖把水带固定好，然后再打开消防栓。在使用消防栓灭火时，必须两人以上操作，当水带充满水后，一人拿枪，一人配合移动消防水带。

第二节　施工现场消防管理制度及相关规定

施工现场的消防安全由施工单位负责。实行施工总承包的，应由总承包单位负责。分包单位向总承包单位负责，并应服从总承包单位的管理，同时应承担国家法律、法规规定的消防责任和义务。施工现场建立消防管理制度，落实消防责任制和责任人员，建立义务消防队，定期对有关人员进行消防教育，落实消防措施。

1. 施工现场消防管理制度

（1）施工单位应编制施工现场灭火及应急疏散预案。灭火及应急疏散预案应包括下列主要内容：

1）应急灭火处置机构及各级人员应急处置职责；

2）报警、接警处置的程序和通讯联络的方式；

3）扑救初起火灾的程序和措施；

4）应急疏散及救援的程序和措施。

（2）施工人员进场时，施工现场的消防安全管理人员应向施工人员进行消防安全教育和培训。消防安全教育和培训应包括下列内容：

1）施工现场消防安全管理制度、防火技术方案、灭火及应急疏散预案的主要内容；

2）施工现场临时消防设施的性能及使用、维护方法；

3）扑灭初起火灾及自救逃生的知识和技能；

4）报警、接警的程序和方法。

（3）施工作业前，施工现场的施工管理人员应向作业人员进行消防安全技术交底。消防安全技术交底应包括下列主要内容：

1）施工过程中可能发生火灾的部位或环节；

2）施工过程应采取的防火措施及应配备的临时消防设施；

3）初起火灾的扑救方法及注意事项；

4）逃生方法及路线。

（4）施工过程中，施工现场的消防安全负责人应定期组织消防安全管理人员对施工现场的消防安全进行检查。消防安全检查应包括下列主要内容：

1）可燃物及易燃易爆危险品的管理是否落实；

2）动火作业的防火措施是否落实；

3）用火、用电、用气是否存在违章操作，电、气焊及保温防水施工是否执行操作规程；

4）临时消防设施是否完好有效；

5）临时消防车道及临时疏散设施是否畅通。

2. 施工现场消防管理规定

（1）施工现场动火作业

1）动火作业应办理动火许可证，动火许可证的签发人收到动火审请后，应前往现场查验并确认动火作业的防火措施落实后，再签发动火许可证；

2）动火操作人员应具有相应资格；

3）焊接、切割、烘烤或加热等动火作业前，应对作业现场的可燃物进行清理；作业现场及其附近无法移走的可燃物应采用不燃材料覆盖或隔离；

4）施工作业安排时，宜将动火作业安排在使用可燃建筑材料施工作业之前进行。确需在可燃建筑材料施工作业之后进行动火作业的，应采取可靠的防火保护措施；

5）裸露的可燃材料上严禁直接进行动火作业；

6）焊接、切割、烘烤或加热等动火作业应配备灭火器材，并应设置动火监护人进行现场监护，每个动火作业点均应设置1个监护人；

7）五级（含五级）以上风力时，应停止焊接、切割等室外动火作业，确需动火作业时，应采取可靠的挡风措施；

8）动火作业后，应对现场进行检查，并应在确认无火灾危险后，动火操作人员再离开。

（2）施工现场用电

1）电气线路应具有相应的绝缘强度和机械强度，禁止使用绝缘老化或失去绝缘性能的电气线路，严禁在电气线路上悬挂物品。破损、烧焦的插座、插头应及时更换；

2）电气设备与可燃、易燃易爆和腐蚀性物品应保持一定的安全距离；

3）距配电盘 2m 范围内不得堆放可燃物，5m 范围内不应设置可能产生较多易燃、易爆气体、粉尘的作业区；

4）可燃库房不应使用高热灯具，易燃易爆危险品库房内应使用防爆灯具；

5）电气设备不应超负荷运行或带故障使用；

（3）施工现场用气

1）储装气体罐瓶及其附件应合格、完好和有效；严禁使用减压器及其他附件缺损的氧气瓶，严禁使用乙炔专用减压器、回火防止器及其他附件缺损的乙炔瓶；

2）气瓶应保持直立状态，并采取防倾倒措施，乙炔瓶严禁横躺卧放；

3）严禁碰撞、敲打、抛掷、溜坡或滚动气瓶；

4）气瓶应远离火源，与火源的距离不应小于 10m，并应采取避免高温和防止曝晒的措施；

5）气瓶应分类储存，库房内应通风良好；空瓶和实瓶同库存放时，应分开放置，两者间距不应小于 1.5m；

6）瓶装气体使用前，应检查气瓶及气瓶附件的完好性，检查连接气路的气密性，并采取避免气体泄漏的措施，严禁使用已老化的橡皮气管；

7）氧气瓶与乙炔瓶的工作间距不应小于 5m，气瓶与明火作业点的距离不应小于 10m；

8）冬季使用气瓶，气瓶的瓶阀、减压阀等发生冻结时，严禁用火烘烤或用铁器敲击瓶阀，严禁猛拧减压器的调节螺丝；

9）氧气瓶内剩余气体的压力不应少于 0.1MPa，气瓶用后应及时归库。

第六章　施工现场应急救援基本知识

第一节　生产安全事故应急救援
预案管理相关知识

1. 生产安全事故应急救援预案的概念

生产安全事故应急救援预案是为了有效预防和控制可能发生的事故，最大程度减少事故及其损害而预先制定的工作方案。它是事先采取的防范措施，将可能发生的等级事故损失和不利影响减少到最低的有效方法。

2. 建筑施工企业生产安全事故应急救援预案的管理

施工单位的应急救援预案应经专家评审或者论证后，由企业主要负责人签署发布。施工项目部的安全事故应急救援预案在编制完成后报施工企业审批。

建筑工程施工期间，施工单位应当将生产安全事故应急救援预案在施工现场显著位置公示，并组织开展本单位的应急救援预案培训交底活动，使有关人员了解应急救援预案的内容、熟悉应急救援职责、应急救援程序和岗位应急救援处置方案。

建筑施工单位应当制定本单位的应急预案演练计划，根据本单位的事故预防重点，每年至少组织一次综合应急预案演练或者专项应急预案演练，每半年至少组织一次现场处置方案演练。

第二节　现场急救基本知识

1. 施工现场应急救护要点

（1）对骨伤人员的救护

1）不能随便搬动伤者，以免不正确的搬动（或移动）给伤者带来二次伤害。例如凡是胸、腰椎骨折者，头、颈部外伤者，不能任意搬动，尤其不能屈曲。

2）在需要搬动时，用硬板固定受伤部位后方可搬动。

3）用担架搬运时，要使伤员头部向后，以便后面抬担架的人可以随时观察其伤情变化。

（2）对眼睛伤害人员的救护

1）眼有异物时，千万不要自行用力揉眼睛，应通过药水、泪水、清水冲洗，仍不能把异物冲掉时，才能扒开眼睑，仔细小心清除眼里异物，如仍无法清除异物或伤势较重时，应立即到医院治疗。

2）当化学物质（如砌筑用的石灰膏）进入眼内，立即用大量的清水冲洗。冲洗时要扒开眼睑，使水能直接冲洗眼睛，要反复冲洗，时间至少 15min 以上。在无人协助的情况下，可用一盆水，双眼浸入水中，用手分开眼睑，做睁、闭眼、转动立即到医院做必要的检查和治疗。

（3）心肺复苏术

心肺复苏术，是在建筑工地现场对呼吸心骤停病人给予呼吸和循环支持所采取的急救，急救措施如下：

1）畅通气道：托起患者的下颌，使病人的头向后仰，如口中有异物，应先将异物排除。

2）口对口人工呼吸：握闭病人的鼻孔，深吸气后先连续快速向病人口内吹气 4 次，吹气频率以每分钟 2～16 次。如遇特殊情况（牙关紧闭或外伤），可采用口对鼻人工呼吸。

3）胸外脏按压：双手在放病人胸骨的下 1/3 段（剑突上两

根指），有节奏地垂直向下按压胸骨干段，成人按压的深度为胸骨下陷4～5cm为宜。一般按压15次，吹气2次。

4）胸外心脏按压和口对口吹气需要交替进行。最好有两个人同时参加急救，其中一个人作口对口吹气。

（4）外伤常用止血方法

1）一般止血法：凡出血较少的伤口，可在清洗伤口后盖上一块消毒纱布，并用绷带或胶布固定即可。

2）指压止血法：可用干净的布（没有布可以用手）直接按压伤口，直到不出血为止。

3）加压包扎止血法：用纱布，棉花等垫放在伤口上，用较大的力进行包扎。并尽量抬高受伤部位。加压时力量也不可过大，或扎得过紧，如以免引起受伤部位局部缺血造成坏死。

2. 建筑施工现场主要事故类型及救援常识

（1）触电事故及救援常识

1）发现有人触电时，不要直接用手去拖拉触电者，应首先迅速拉电闸断电，现场无电闸时，使用木方等不导电的材料或用干衣服包严双手，将触电者拖离电源。

2）根据触电者的状况现场进行人工急救（如心肺复苏），并迅速向工地负责人报告或报警。

（2）火灾事故及救援常识

1）最早发现者应立即大声呼救，并根据情况立即采取正确方法灭火。当判断火势无法控制时，要迅速报警和向有关人员报告。

2）根据火灾的影响范围，迅速把无关人员疏散到指定的消防安全区。作业区发生火灾时，可采用建筑物内楼梯、外脚手架上下梯、离火灾现场较远的外施工电梯等疏散人员。不得使用离火灾现场较近的外施工电梯，严禁使用室内电梯疏散人员。

3）当火势无法控制时，要及时采取隔离火源措施，及时搬出附近的易燃易爆物以及贵重物品，防止火势蔓延到有易燃易爆物品或存放贵重物品的地点。当有可能发生气瓶爆炸或火势已无法控制且危及人员生命安全时，迅速将救火人员撤离到安全地方，等待专职消防队救援或采取其他必要措施。

4）火灾逃生自救知识原则；

如果发现火势无法控制，应保持镇静，判断危险地点和安全地点，决定逃生方法和路线，尽快撤离险地。

通过浓烟区逃生时，如无防毒面具等护具，可用湿等毛巾捂住口鼻，并尽可能贴近地面，以匍匐姿势快速前进，如有条件可向头部、身上浇冷水或用湿毛巾、湿棉被，湿毯子等将头、身裹好再冲出去。

（3）易燃易爆气体泄漏事故应急常识

1）最早发现者应立即大声呼救，并向有关人员报告或报警。根据情况立即采取正确方法施救，如尝试采取关闭阀门、堵漏洞等措施截断、控制泄露，若无法控制，应迅速撤离。

2）在气体泄露区内严禁使用手机、电话或启动电器设备，并禁止一切产生明火或火花的行为。

3）疏散无关人员，迅速远离危险区域，治安保卫人员要迅速建立禁区，严禁无关人员进入。同时停止附近的作业。

4）在未有安全保障措施的情况下，不要盲目行动，应等待公安消防队或其他专业救援队伍处理。

（4）发现坍塌预兆或坍塌事故应急常识

1）发现坍塌预兆时，发现者应立即大声呼唤，停止作业，迅速疏散人员撤离现场，并向项目部报告。待险情排除，并得到有关人员同意后，方可重新进入现场作业。

2）当事故发生后，发现者应立即大声呼救，同时向有关人员报告或报警。项目部根据情况立即采取措施组织抢救，同时向上级部门报告。

3）迅速判断事故发展状态和现场情况，采取正确应急控制措施，判断清楚被掩埋人员位置，立即组织人员全力挖掘抢救。

4）在救护过程中要防止二次坍塌伤人，必要时先对危险的地方采取一定的加固措施。

5）按照有关救护知识，立即救护抢救出来的伤员，在等待医生救治或送往医院抢救过程中，不要停止和放弃施救。

（5）有毒气体中毒事故应急常识

1）最早发现者应立即大声呼救，向有关人员报告或报警，如原因明确应立即采取正确方法施救，但决不可盲目救助。

2）迅速查明事故原因和判断事故发展状态，采取正确方法施救。

如中毒事故必须先通风或戴好防毒面具方可救人；如缺氧，则要戴好有供氧的防毒面具才可救人。

3）救出伤员后按照有关救护知识，立即救护伤员，在等待医生救治或送往医院抢救过程中，不要停止和放弃施救，如采用人工呼吸，或输氧急救等。

4）现场不具备抢救条件时，立即向社会求救。

（6）高处坠落伤害急救常识

1）坠落在地的伤员，应初步检查伤情，不得随意搬动。

2）立即呼叫"120"急救医生前来救治。

3）采取初步急救措施：止血、包扎、固定。

4）注意固定颈部、胸腰部椎，搬运时保持动作一致平稳，避免伤员柱弯曲扭动加重伤情。

3. 施工现场报警注意事项

（1）按工地写出的报警电话，进行报警。

（2）报告事故类型。说明伤情（病情、火情、案情）等，好让救护人员事先做好急救的准备。如火灾报警时要尽量说明燃烧或爆炸物质、燃烧程度、人员伤亡、发生火灾楼层等情况。

（3）说明单位（或事故地）的电话或手机号码，以便救护车（消防车、警车）随时用电话通讯联系。

（4）可用几部电话或手机，由数人同时向有关救援单位报警求救。以便让各种救援单位都能以最快的速度到达事故现场。

第二部分 专业基础知识

第七章 叉车的结构与工作原理

第一节 叉车的动力装置

1. 内燃机

内燃叉车的动力装置多采用往复活塞式内燃机作为驱动力，即普通车用汽油机和柴油机，少数厂家配用液化气内燃机。

（1）内燃机型号编制规则

为了便于识别内燃机的机型、规格和结构特点，国家制订了相关的内燃机产品名称和型号编制规则。内燃机名称按其所采用的燃料名称命名。如：柴油机、汽油机、天然气机等。内燃机编号反映内燃机的主要结构特征及性能。如：6135Z 型柴油机：表示 6 缸、四冲程、缸径 135mm、水冷、增压。12V135ZG 柴油机：表示 12 缸、V 型、四冲程、缸径 135mm、水冷、增压、工程机械用。

（2）常用术语

常用术语如图 7-1 所示：

上止点：活塞顶部距离曲轴中心线最远位置。

下止点：活塞顶部距离曲轴中心线最近位置。

冲程：活塞在上下止点间运动的过程。

活塞行程：上下止点间的距离。对于气缸中心线通过曲轴中心的发动机，其活塞行程等于曲柄半径的两倍。

气缸工作容积：在 1 只气缸内，活塞从上止点到下止点所让

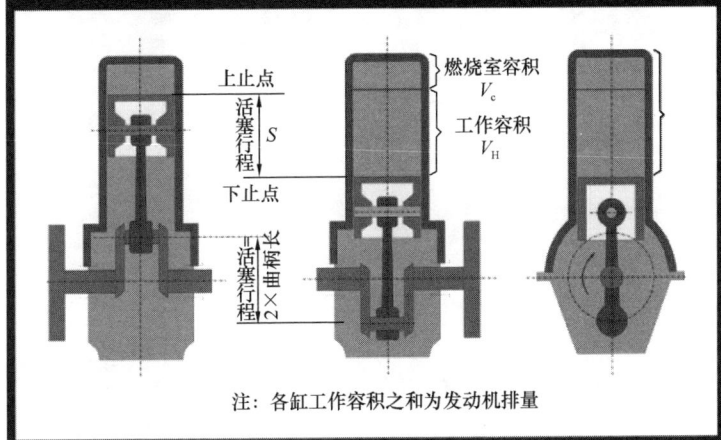

图 7-1　内燃机常用术语

出的气缸容积。

内燃机工作容积：内燃机全部气缸工作容积之和，也称为排量。

燃烧室容积：当活塞位于上止点时，活塞上方的空间称燃烧室，其容积称为燃烧室容积。

气缸总容积：当活塞位于下止点时，活塞顶上方的全部容积。气缸总容积等于气缸工作容积与燃烧室容积之和。

压缩比：气缸总容积与燃烧室容积之比称为压缩比。压缩比表示气缸内的气体被压缩后，其容积缩小的程度。柴油机的压缩比一般为 16～22。

内燃机的工作循环：在内燃机的工作中，将燃料燃烧发出的热能不断地转化为机械能，这种连续过程叫作内燃机的工作循环。内燃机的每一工作循环，分进气、压缩、做功、排气四个过程。如图 7-2 所示。

（3）发动机工作原理

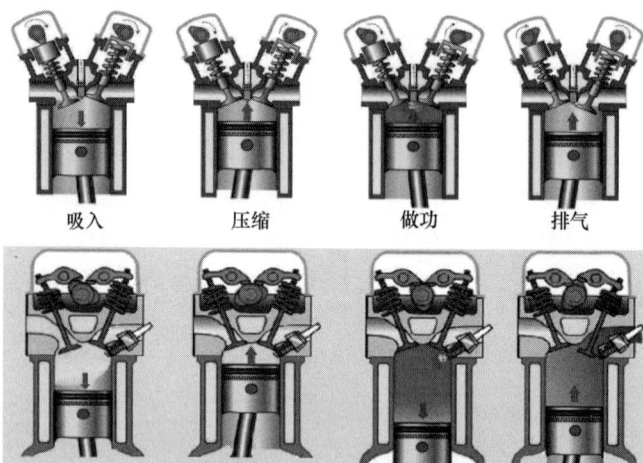

吸入　　　　　　　压缩　　　　　　　做功　　　　　　　排气

上图为DOHC双顶置凸轮轴　　　　下图为SOHC单顶置凸轮轴

图 7-2　内燃机的工作循环

发动机是一种能量转换机构，它将燃料燃烧产生的热能转变成机械能。那么，它是怎样完成这个能量转换过程，把热能转换成机械能的呢？要完成这个能量转换，必须经过进气、压缩、做功、排气四个过程，即把可燃混合气（或新鲜空气）引入气缸，压缩可燃混合气（或新鲜空气），至接近终点时点燃可燃混合气（或将柴油高压喷入气缸内形成可燃混合气并引燃），着火燃烧的可燃混合气受热膨胀推动活塞下行实现对外做功，最后排出燃烧后的废气。把这四个过程叫作发动机的一个工作循环。工作循环不断地重复，就实现了能量转换，使发动机能够连续运转。把完成一个工作循环，需要曲轴转两圈（720°），活塞上下往复运动四次的发动机称为四冲程发动机，如图 7-3 所示。

柴油机与汽油机的最大区别是汽油机的着火方式为点燃式，因此需要点火系，而柴油机的着火方式为压燃式，不需要点火系。

（4）多缸柴油机工作过程

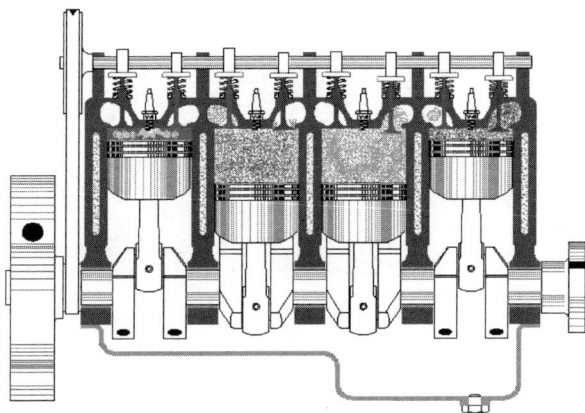

图 7-3　发动机工作原理

四冲程柴油机每个工作循环中只有燃烧膨胀冲程才做功，而进气、压缩和排气三个辅助冲程不但不做功，而且还消耗一部分功，用来压缩气体和克服进、排气时的阻力。因此。在柴油机运行时，由于各冲程中有的获得能量而有的消耗能量，造成转速不均匀，有时加速有时减速。为了提高柴油机运转均匀性，通常采用两种方法：一是在曲轴上安装飞轮；二是采用多缸结构形式。

（5）结构组成

内燃机种类繁多，但其结构大体相同，通常由机体和曲轴连杆机构、配气机构、燃料系、冷却系、润滑系等组成。

（6）机体和曲轴连杆机构

机体和曲轴连杆机构的作用是将燃料燃烧产生的热能转换为推动活塞做直线运动的机械能，把活塞往复运动转变为曲轴旋转运动，并向外输出动力。

机体和曲轴连杆机构主要由机体、活塞连杆组和曲轴飞轮组三部分组成。

机体的作用是作为发动机各机构、各装配件进行装配的基体，而且其本身的许多部分又分别是曲柄连杆机构、配气机构、供给系、冷却系和润滑系的组成部分。主要由气缸体与上曲轴箱、气缸套、气缸盖、气缸垫、下曲轴箱等组成，如图 7-4 所示。

图 7-4 柴油机机体

活塞连杆组是将热能转化为机械能，把活塞高速直线往复运动转变为曲轴旋转运动的传力机构。活塞连杆组由活塞、活塞环、活塞销、连杆等机件组成。

曲轴飞轮组的主要机件是曲轴和飞轮。曲轴是柴油机的主要零件之一。其作用是将连杆传来的力变为旋转的扭矩输出，同时还要通过连杆推动活塞，完成进气、压缩和排气工作，并驱动配气机构和其他辅助装置工作。飞轮用来储存做功冲程的部分能量，克服辅助冲程阻力，保持曲轴转速均匀，向外输出动力。

在曲轴上还装有驱动配气机构的正时齿轮和驱动风扇、水泵等机件的皮带轮，飞轮上通常刻有第一缸喷油正时记号，以便校正喷油时间。下曲轴箱又称油底壳或机油盘，用于盛机油并保护曲轴等机件不被灰尘污染。

（7）配气机构

配气机构的作用是按照内燃机各缸工作冲程的要求，定时开启和关闭进、排气门。进气门开启使新鲜空气进入气缸，排气门开启使燃烧后的废气排出气缸，气缸的关闭使气缸密封，如图7-5 所示。

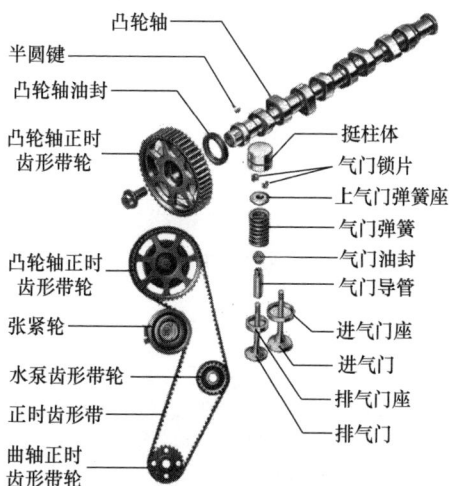

凸轮轴
半圆键
凸轮轴油封
凸轮轴正时
齿形带轮
凸轮轴正时
齿形带轮
张紧轮
水泵齿形带轮
正时齿形带
曲轴正时
齿形带轮

挺柱体
气门锁片
上气门弹簧座
气门弹簧
气门油封
气门导管
进气门座
进气门
排气门座
排气门

图 7-5　配气机构

　　配气机构由气门组和传动组组成。气门组由气门、气门座、气门导管、气门弹簧、弹簧座和锁片等零件组成。传动组主要包括凸轮轴、正时齿轮、推杆、挺杆、摇臂和摇臂轴及其支架等零件。

　　（8）燃油供给系统

　　柴油机燃油供给系统的作用是根据柴油机不同负荷的需要，定时、定量、定压地将清洁的雾化良好的柴油，按一定的喷油规律喷入燃烧室，与被压缩的高温高压空气混合，形成可燃混合气自行燃烧，并将燃烧后的废气排入大气中去。

　　燃油供给系一般由进排气装置，供油装置两部分组成。进排气装置由空气滤清器、进排气歧管和消声器等组成。供油装置由低压油路和高压油路两部分组成。低压油路包括：柴油箱、柴油滤清器、输油泵、低压油管等。高压油路包括：喷油泵、喷油器、高压油管和调速器等。

　　输油泵的作用是保证柴油在低压油路内循环，并供应足够数量及一定压力的柴油给喷油泵。

燃油滤清器的作用是柴油进入喷油泵之前，清除其中的杂质和水分，为保证喷油泵和喷油器的可靠工作并延长其使用寿命，燃料供给系都设有滤清器。

喷油泵的作用是根据柴油机的不同工况，定时、定量地向喷油器输送高压燃油。

调速器的作用就是根据柴油机负荷及转速变化对喷油泵的供油量进行自动调节，以保证柴油机能稳定运行，如图7-6所示

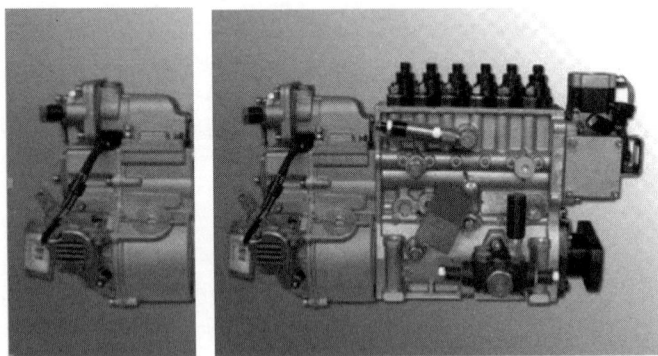

图7-6　柴油机调速器

（9）冷却系统

柴油机工作时，由于燃料的燃烧以及运动零件间的摩擦产生大量的热量，使零件受热而温度升高，特别是直接与高温气体接触的零件若不及时冷却则会造成机件卡死和烧损。因此，必须对高温条件下工作的零部件进行冷却。

冷却系的作用是保证柴油机在最适宜的温度（80℃～90℃）状态下连续工作。柴油机冷却系按所用冷却介质不同有水冷和风冷之分，如图7-7所示。

水冷式冷却目前大部分内燃机都采用压流式冷却。压流式冷却系由百叶窗、散热器、风扇及皮带、水泵、节温器、水温表和水套等组成。冷却系中应加注清洁的软水，如河水、雨水、自来水等。如果加注硬水，如泉水、井水中含有大量矿物质，这些物

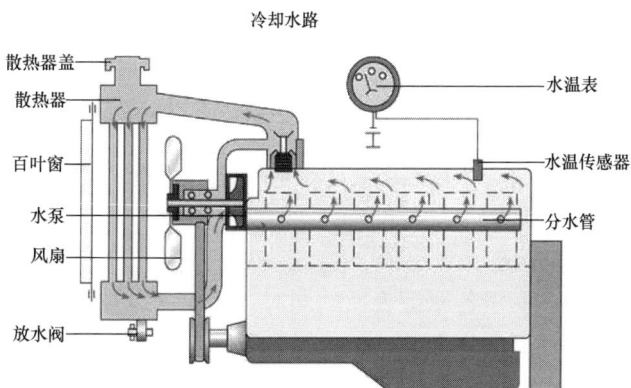

图 7-7　冷却水路

质在高温时易分解，冷却后会从水中沉淀下来，在散热器和水套中形成水垢，甚至使水套生锈，降低散热效能。

（10）润滑系统

柴油机工作时，各零件表面都是以很小的间隙做高速、相对运动的，互相之间剧烈摩擦，产生高温，甚至烧毁机械零件。为了保证柴油机正常工作，必须对运动的零部件表面加以润滑，如图 7-8 所示。

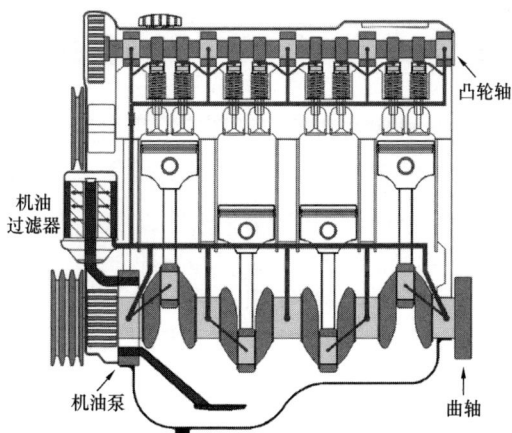

图 7-8　润滑系工作路径

润滑系的作用是将清洁的、压力和温度适宜的润滑油送至柴油机各摩擦表面进行润滑，并将各摩擦表面流出的润滑油回收，经冷却和滤清后循环使用，从而起到下列作用：

1）润滑作用

使零件的两个摩擦表面之间形成一定的油膜，减少磨损和功率损失。

2）冷却作用

润滑油在润滑各摩擦表面的同时，吸收各摩擦表面的热量，降低各摩擦表面温度。

3）清洁作用

润滑油在循环流动中，可清除摩擦表面的磨屑，并将其带走。

4）密封和防锈作用

附着于零件表面的油膜还可以提高零件的密封效果和防止氧化锈蚀。

柴油机工作时，由于各运动机件的工作条件和所承受的载荷和相对运动的速度不同，所要求的润滑强度也不相同，因而应采用相应的润滑方式。常见的润滑方式有压力润滑、飞溅润滑和定期加注润滑脂等。

曲轴轴承、连杆轴承、凸轮轴轴承及摇臂轴等均采用压力润滑。

气缸壁、配气机构的凸轮、挺杆等均采用飞溅润滑。

柴油机辅助系统中的水泵、发电机轴承等，由于载荷小，而且摩擦损失不大，只需定期加注润滑脂。

2. 柴油机新技术

现代先进的柴油机一般采用电控喷射、共轨、涡轮增压中冷等技术，在质量、噪声、烟度等方面已取得重大突破，达到了汽油机的水平。

（1）电控喷射

电控系统随着对施工机械施工质量与生产效率的要求不断提

高，传统的机械传动以及机械液力式调节方式已不能满足施工机械用柴油机的要求。因此，根据使用工况自动控制喷油量及喷油时间的电子控制装置和能够高压喷射的组合蓄压式喷射装置等已在施工机械用柴油机上使用。

（2）新材料的开发与应用

随着施工机械用柴油机强化程度的不断提高，使轴承的脉动负载增大，要求轴承材料有更好的抗疲劳性、承载能力和耐磨性。奥地利 MIBA 公司研制的以铝锡合金为基体的 AL-Sn4.5Mg 减摩层，既有高耐磨性，又有良好的热稳定性，从而提高了高温工作时的抗疲劳性。该公司还采用阴极真空镀膜法在轴承工作表面镀上 AL-Sn20 的新工艺，使轴承兼有磨合性好、耐磨性好和抗疲劳性好的优点。试验结果表明，其可靠性和使用寿命均得到大幅度的提高。

第二节　叉车的底盘

底盘是叉车的重要组成部分，其作用是安装各部件总成，实现内燃机的动力传递，确保叉车正常行驶。它由传动系统、行驶系统、转向系统、制动系统和附属设备组成。

1. 传动系统

（1）叉车传动系统概述

1）功用

传动系统将内燃机发出的动力传给驱动车轮和工作机构，使叉车行驶和进行作业，即通过减速增矩、变速变矩、接合或分离动力以及改变动力的传递方向，使动力装置适应叉车的行驶和作业需要。

2）分类

叉车传动系统有机械传动、液力机械传动、全液压传动（静液压传动）和电传动等几种类型。

3）组成

① 传动系统：主要由离合器、变速器、传动轴和驱动轮等组成。

② 液力机械传动系统：主要由变矩器、变速器、传动轴和驱动桥等组成。

③ 全液压传动系统：由内燃机直接带动液压泵，液压泵输出的压力油驱动安装在驱动轮上的液压马达旋转而直接带动车轮旋转。

④ 电传动系统：因为电动机的反转和调速由电气控制系统来完成，所以无须离合器和变速器。它主要有两种形式：一种是单级传动，另一种是两级传动。

(2) 传动系统的主要总成

1) 离合器

离合器是内燃叉车机械传动系统的组成部件之一，通常装在内燃机曲轴的一端，传动系统通过它与内燃机相连。它的功用是保证叉车平稳起步和传动系统换挡时工作平顺，防止传动系统过载。内燃叉车通常采用摩擦片式离合器。

摩擦片式离合器由主动部分、从动部分、压紧装置和操纵分离机构四部分组成，如图 7-9 所示。

① 主动部分：离合器的主动件有飞轮、压盘和离合器盖。

② 从动部分：装在压盘和飞轮之间的双边带摩擦片的从动盘，通过滑动花键套装在从动轴（即变速器的输入轴）上。

③ 压紧装置：弹簧的作用是使分离杠杆消除因支撑处存有间隙前后旷动而产生的噪声。

④ 操纵分离机构：包括踏板到分离叉之间的各杆件和分离杠杆、分离轴承、分离套筒、分离叉等。离合器操纵机构有液压式和机械式两种形式。

液压式操纵机构是用总泵、分泵和油管代替机械式拉杆，将踏板和分离叉相连。为保证摩擦衬片在正常磨损后仍能处于完全接合状态，在离合器出于正常接合状态下，分离轴承和分离杠杆内端之间应留有 3～4mm 的间隙。操作人员在踏下离合器踏板

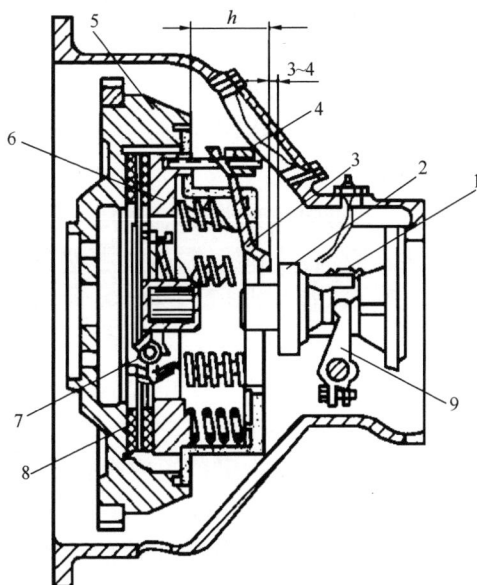

图 7-9　摩擦片式离合器的基本组成示意图

1—回位弹簧；2—分离轴承；3—分离杠杆；

4—调整螺母；5—飞轮；6—压盘；7—扭转

减振器；8—摩擦片；9—分离叉；

h—分离杠杆高度

时，消除这一间隙后，离合器才能分离。消除这一间隙所反映在离合器踏板上的距离，称为离合器踏板的自由行程。

2）变速器

变速器是内燃叉车传动系统的主要部件之一，它一端与飞轮壳相连，另一端与驱动桥相连（大型叉车通过万向传动装置与驱动桥相连）。在叉车运行中，变速器与内燃机配合工作，以保证车辆有良好的动力性能与经济性能。小吨位叉车（3t 以下）前进、后退均为两个挡，大、中吨位叉车则多为 3～5 档，有的中、小吨位内燃叉车采用无级变速。

① 变速器的功用

A. 扩大驱动轮转矩和转速的范围，以适应经常变化的行驶条件，使内燃机在较好工况下工作。

B. 在内燃机旋转方向不变的前提下，使车辆反向行驶。

C. 中断动力传递，以使内燃机起动、怠速运转和滑行等。

② 变速器的组成

变速器由变速传动机构和变速操纵机构组成。变速传动机构的主要作用是改变扭矩、转速和旋转方向；操纵机构的主要作用是控制传动机构实现变速器传动比的变换。

③ 变速器的分类

变速器的种类很多，一般可分为无级变速器和有级变速器两大类。

A. 无级变速器：它可在一定范围内根据阻力的变化，自动、无级地改变传动比和转矩。

B. 有级变速器：它是具有若干个定值的传动比可供选择的变速器。

④ 机械换挡变速器

滑动齿轮机械换挡变速器，由于构造简单，操作方便，目前1~3t 内燃叉车大多使用这种形式的变速器。它由传动部分、操纵机构等部分组成，

⑤ 同步器

同步器使啮合的齿轮同步转动，在换挡时避免齿轮撞击，尤其是前后换向时，可使换挡平稳。

3) 驱动桥　驱动桥的功用是将变速器输出轴或万向传动装置传来的动力传给驱动车轮，实现降速以增大转矩，改变转矩方向，实现差速，保证车轮的纯滚动，以及承载负荷等。它由主减速器、差速器、半轴和驱动桥壳组成，图 7-10 所示为内燃叉车驱动桥。

① 主减速器

主减速器用来降低由电动机或由内燃机经变速器传来的转速，增大转矩，并将传来的转矩改变 90°方向，通过差速器传给

图 7-10　驱动桥的组成

1—后桥壳；2—差速器壳；3—差速器行星齿轮；4—差速器
半轴齿轮；5—半轴；6—主减速器从动齿轮齿圈；7—主减速
器主动小齿轮；8—加油口盖；9—驱动桥盖；10—纸垫；
11—轴承；12—轴承垫；13—调整垫片；14—差速器轴承
座；15—油封；16—密封垫；17—放油螺塞

半轴。

② 差速器

A. 作用：为了消除车轮对路面的滑动现象，在结构上保证各个车轮能以不同的角速度旋转，以保持纯滚动状态。它将驱动两侧车轮旋转的驱动轴断开（每部分称为半轴），在向两半轴传递动力时，允许两半轴以不同的角速度旋转，以满足各轮不等路程行驶的需要。

B. 组成：叉车上应用的齿轮式差速器主要由四个圆锥行星齿轮、行星齿轮轴（十字轴）、两个圆锥半轴齿轮和差速器壳等组成，如图 7-11 所示。

C. 防滑差速器：它的作用是当一侧车轮打滑时，用啮合器强制地将一侧半轴的齿轮与差速器壳锁在一起，并通过行星齿轮使另一侧半轴齿轮也只能随差速器壳同步运转。于是两侧半轴齿轮都得到了与差速器壳相等的转矩，使驱动轮获得较大的驱动力。

③ 半轴

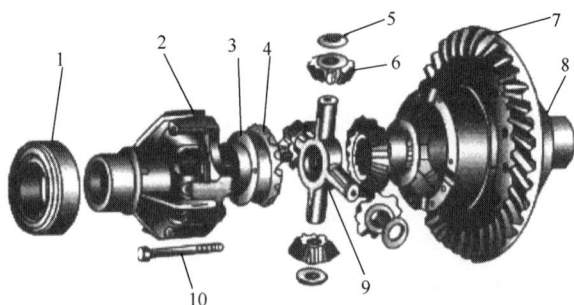

图 7-11 齿轮式差速器

1—轴承；2—左外壳；3—垫片；4—半轴齿轮；5—垫圈；6—行星齿轮；

7—从动齿轮；8—右外壳；9—十字轴；10—螺栓

半轴是在差速器与驱动轮之间传递转矩的轴。由于所传递的转矩较大，故一般是实心轴。

（3）液力传动装置由变矩器和动力换挡变速器组成，其具有下述优点：

A. 微动阀可使叉车在内燃机低速或高速时都能进行微动操作；

B. 液力离合器装有四片经过特殊处理的纸质摩擦片和钢板，改进了其摩擦时的耐磨性；

C. 装在变矩器中的单向超载离合器，改善了动力传动效率；

D. 变矩器油路中有较好的滤清器，提高了变矩器的寿命。

1）变矩器

液力变矩器是用来传递扭矩，而且能在泵轮扭矩不变的情况下，随涡轮的转速不同，自动改变涡轮输出的转矩数值。变矩器主要由泵轮、涡轮、导轮三元件所组成。

2）液力离合器

液力离合器（湿式多片）装在液力变矩器的输入轴上，通过控制阀将压力油分配给前进或后退离合器，实现前进、后退换挡。变速器中的所有齿轮为常啮合齿轮。

变矩器到液力变速器的动力传递程序：涡轮-输入轴总成-隔

片-摩擦片-前进挡齿轮或反向齿轮-输出轴。

3）控制阀、溢流阀和微动阀

① 控制阀

装于变速器盖的内侧，控制阀包含着操纵滑阀、定向阀和调节阀三部分。定压阀是用来控制液力离合器的油压，使之在1.1～1.7MPa之间，并通过它将油送到溢流阀，输给变矩器。

② 溢流阀

与变速器壳体连在一起的溢流阀使变矩器油压保持在0.5～0.7MPa。

③ 微动阀

当踏下微动踏板时，短时降低了液力离合器的油压，使叉车达到微动效果。

（4）变速器壳体与供油泵

变速器壳体除了安装输入轴和输出轴等机构外，本身也起着油箱作用，其底部有滤油器（滤网为150目）来过滤吸入供油泵的油，管路滤油器和加油盖等装在壳体盖上方。

供油泵安装在变矩器与输入轴之间，利用泵轮轴带动一对内啮合齿轮组成的齿轮泵，向变矩器、液力变速器供油。

（5）液压油路

当内燃机起动后，供油泵经滤油箱（即变速壳底）中吸出油，流经控制阀，在阀中将压力油分成两部分，一部分供液力离合器用，另一部分对变矩器供油。

（6）动力换挡变速器

叉车用变速器是圆柱齿轮常啮合动力换挡变速器，共有三个挡位，前进一、二挡，倒退一挡。它与液力变矩器配合使用，将内燃机经液力变矩器的转矩和运动经传动轴传递给驱动桥。

变速器主要由变速传动机构、换挡湿式离合器和变速换挡操纵阀组成，如图7-12所示。

动力传递过程如下：换挡操纵阀安装在变速器箱体上部，操纵阀杆与换挡手柄中间由连杆相连。换挡手柄安装在转向盘右下

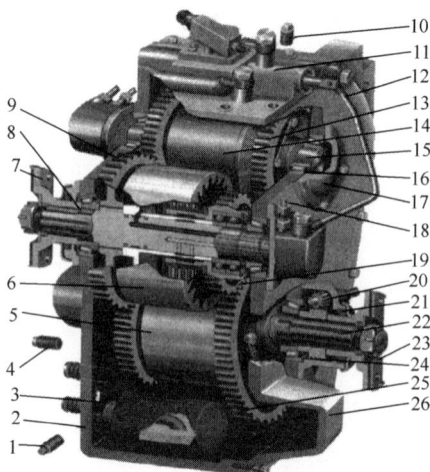

图 7-12　动力换挡变速器

1—放油螺塞；2—变速器箱体；3—滤油器；4—检视孔螺塞；
5——档离合器；6—二档离合器；7—联轴节 8—输入轴；9—
输入齿轮；10—加油螺塞；11—换档操纵阀；12—操纵油管；
13—倒档齿轮；14—倒档离合器；15—倒档轴；16—调整垫
片；17—轴承盖；18—润滑油管；19—档齿轮；20—里程累计
装置；21—油封；22—输出轴；23—联轴节；24—调整垫片；
25—输出齿轮；26—箱盖

方，换挡时扳动手柄，使操纵阀动作，换挡油进入变速器换挡离
合器液压缸作用活塞，使内外摩擦片结合，因而叉车实现前进、
后退或换挡。

2. 行驶系统

　　行驶系统的主要功用是将叉车构成一个整体，支撑叉车的总
质量；将传动系传来的转矩转化为车辆行驶的驱动力；承受并
传递路面作用于车桥上的各种阻力及力矩；减少振动，缓和冲
击，保证叉车平顺行驶。

　　行驶系统一般由车架、车桥、车轮和悬架组成。车轮分别安
装在转向桥与驱动桥上，车桥通过悬架连接车架，车架是整个叉

车的基体。叉车的前桥为驱动桥，后桥为转向桥，前轮大、后轮小。

（1）车架

车架是叉的骨架。按其结构形式不同可分为边梁式车架和箱式车架两种。

（2）车桥

1）车桥的作用

传递车架与车轮之间的各方向作用力及其所产生的弯矩和转矩。车桥通过悬架与车架（或承载式车身）相连，其两端安装车轮。

2）车桥的分类

根据悬架结构的不同可分为整体式和断开式两种。叉车以后桥为转向桥，前桥为驱动桥。

（3）车轮与轮胎

叉车车轮与轮胎的功用是支撑整车的重量；缓和由路面传来的冲击力，产生驱动和制动力，保持直线行驶等。

车轮由轮毂、车辋及它们之间的连接件组成。轮胎由衬带、内胎和外胎组成，有些电动叉车采用实心轮胎。

（4）悬架

悬架是车架与车桥之间的连接装置，用以传递力和力矩，缓和与吸收车轮在不平路面上所受的冲击和振动。叉车转向桥常用的是弹性悬架和刚性悬架两种。内燃叉车多采用刚性悬架，而电动叉车因蓄电池不宜振动，且用实心胎，故宜用弹性悬架。

3. 转向系统

转向系统的功用是在驾驶员的操纵下，控制叉车的行驶方向。它由转向盘、转向轴、转向器以及液压缸、转向节等组成。叉车的转向系统通常分为机械式转向、液压助力转向和全液压转向三种。

（1）机械式转向装置

机械式转向由操纵机构（包括转向盘、转向轴、转向管柱）、转向器和转向传动机构三部分组成，见图7-13。

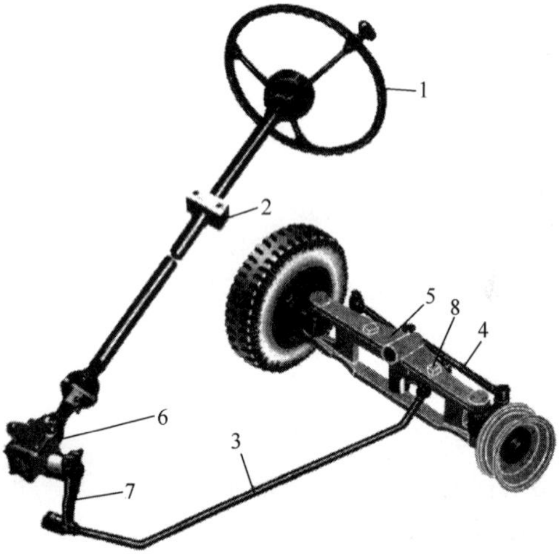

图7-13 叉车机械转向机构

1—转向盘；2—支架垫块；3—纵拉杆；4—横拉杆；5—转向
桥总成；6—转向器；7—转向垂臂；8—扇形板

1）循环球式转向器

在叉车转向过程中，有利于转向轮自动回正，但反冲力较大。车轮所受路面冲击，能反传到转向盘上，发生"打手"现象，容易使驾驶员疲劳。经常在室内作业或在良好路面上行驶的叉车，宜采用循环球式转向器。

2）转向传动机构

它的功用是用转向机传来的力带动后轮左、右偏转，同时使两后轮偏转时内后轮的偏转角度大于外后轮的偏转角度。

（2）液压助力转向装置

液压助力式转向是在机械式转向系统的基础上，增设了一套液压助力装置。转动转向盘的操纵力，已不作为直接迫使车轮偏转的力，而是使控制阀进行工作的力，车轮偏转的力由转向液压缸产生，一般用于较重型叉车。

（3）全液压转向装置

全液压式转向是通过转向盘、转向导柱操纵全液压转向器使转向轮改变方向。一般用于大、中型叉车上。

4. 制动系统

制动系统是制约叉车行驶运动的机构，用以消耗车辆行驶积蓄的动能，强制其减速以至完全停车。制动系统行驶工作的可靠性决定着叉车的安全性，它不仅可以保证叉车以较高的平均速度行驶，而且还可以提高叉车的作业生产率。

（1）功用

1）降低叉车的行驶速度直至完全停车。

2）以防止叉车在下坡时，超过一定的速度。

3）保证叉车在坡道上停放。

（2）组成与分类

叉车制动系统通常由制动器和制动驱动机构两大部分组成，包括行车制动（俗称脚制动）和驻车制动（俗称手制动）两套独立的制动装置。

1）制动器

① 功用

利用摩擦副来吸收叉车运动的动能，以达到减速或停车的目的，将摩擦副吸收了的动能转变为热能逸散到大气中去。

② 分类

按其结构可分为蹄式（鼓式）、盘式和带式三种。叉车广泛采用蹄式制动器。

③ 传动方式

有液压式、气压式和机械式等几种。小型叉车采用液压式制动器。中型叉车采用液压制动，并用真空加力装置增加制动力。有的起重量较大的叉车采用气压制动。

④ 构造

制动器包括制动蹄、支承销、回位弹簧及制动鼓等零件。

2）制动驱动机构

① 功用

将作用于制动踏板或传动杆上的力放大后传给制动器，使之产生制动作用。

② 形式

有机械式制动驱动机构和液压式制动驱动机构两种。

液压式制动驱动机构主要包括制动主缸、轮缸和油管等。液压驱动机构的特点是制动平稳缓和，能够保证两轮同时开始制动，避免了叉车跑偏的可能性。

第三节　叉车的工作装置与液压系统

1. 工作装置的组成

叉车的工作装置用来取、放、升、降货物，并在短途运输中承载货物，从而使叉车完成装卸、堆垛、短距离运输等工作。从设计制造和不同工作条件两方面要求，它有多种结构形式；图7-14 是工作装置的基本型。

叉车的工作装置由取物装置（货叉、货架）、门架（内门架、

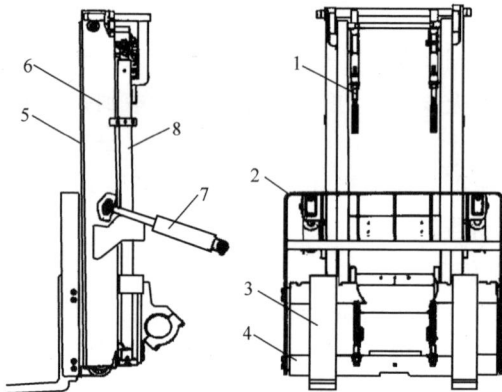

图 7-14　叉车基本型工作装置

1—起升链条；2—挡货架；3—货叉；4—货叉架；5—内门架；

6—外门架；7—倾斜液压缸；8—起升缸

外门架）、起升机构、门架倾斜机构、液压传动装置和滚轮等部分组成。

（1）货叉

货叉是直接承载货物的叉形构件，它通过挂钩装在叉架上。两货叉间的距离可以根据作业的需要进行调整，由定位装置锁定。货叉在叉车上是成对使用的，主要有挂钩式和轴套式。

（2）叉架

叉架是用来安装货叉或其他可更换的属具，并带动货物作垂直升降。叉架由框架、滚轮架及挡货架等部分通过钢板焊接而成。内门架内侧具有上下方向的槽形轨道，叉架与内门架通过滚轮组、槽形轨道相接，使叉架沿内门架的轨道上下运动。叉架有两种形式：挂钩和轴套式。

1）挂钩式叉架

挂钩式叉架为板式结构，通常 6t 以下的叉车绝大多数采用这种结构，如 FD30（T）型、LG30D（T）型叉车等，如图 7-15所示。

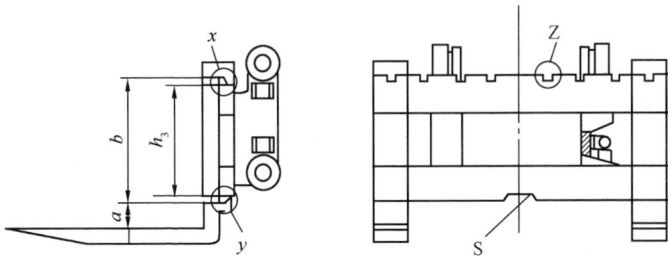

图 7-15　挂钩式叉架

2）轴套式叉架

通常在越野叉车和大吨位叉车上应用，如图 7-16 所示。

（3）门架

门架是叉车起升机构的骨架。它一方面支撑起升液压缸，承

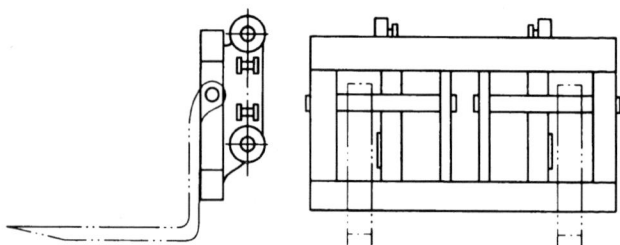

图 7-16　轴套式叉架

受货物重力等垂直力；另一方面，货物给货叉的力矩通过叉架传给门架，使门架承受纵向弯曲力矩。门架又通过下部铰轴及倾斜缸将力传给车架，并保证门架的平衡。

叉车门架基本型为两级门架，货叉标准起升高度为 3m。在堆垛很高而叉车总高度受限制时，可以采用三级门架或多级门架。

叉车门架由内门架和外门架组成，内、外门架均为门形框架。排列形式分为重叠式、并列式和综合式三种。

1）内门架

内门架是指可以沿外门架上下伸缩的部分。内门架是由两个槽形型材作为立柱，并和横梁组焊而成的框架结构，它与外门架的连接方式一样，同样也只能沿外门架上下平动。

2）外门架

外门架是指外侧固定不升降的部分，其由槽形立柱和横梁组焊而形成框架结构。它的下部铰接在叉车驱动桥（前桥）上，借助于倾斜液压缸的作用，门架可以在前后方向倾斜一定角度。门架前倾是为了装卸货物方便，后倾的目的是当叉车行驶时，使货叉上的货物不至于滑落。

（4）起升机构

1）作用

起升机构将起升液压缸中活塞的运动传给叉架，以便使货物上升或下降。

2) 组成

起升机构由起升液压缸、起重链、导向滑轮和导轮架等部分组成。

3) 起升液压缸

通过链轮带动内门架、叉架上升。向液压缸供压力油时，活塞杆向上运动并带动链轮、内门架起升。当泄掉油压时，货物或货叉等构件靠自身重力下降。货叉起升只要求单作用液压缸，所以柱塞缸、活塞缸都有应用，如图 7-17 所示。

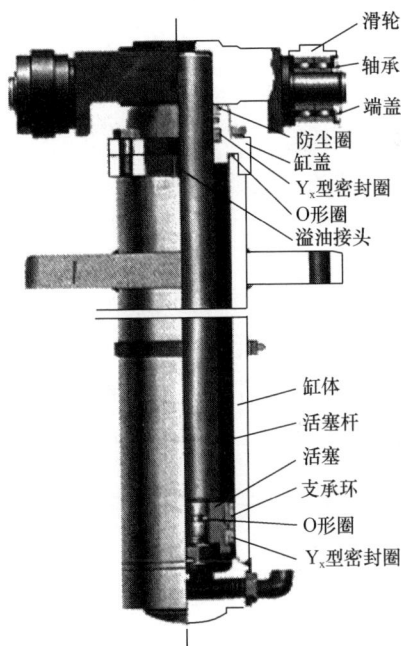

图 7-17　活塞起升液压缸

（5）门架倾斜机构

1) 作用

实现货叉的前倾和后倾，使货叉便于叉取和堆放货物，并在载货行驶时，保证货物的稳定和减少叉车的倾覆力矩，制动时不致从货叉上滑落。一般要求叉车门架能前倾 3°～6°，后倾 10°～12°。

2）组成

门架倾斜机构由一个或两个双作用的倾斜液压缸组成，液压缸活塞杆和外门架铰接在一起。

3）倾斜液压缸

一般都是双作用的活塞式液压缸，且为两端铰接的摆动液压缸。

（6）滚轮

滚轮是叉架与门架或门架与门架之间导向和传力的部件，分为侧滚轮（纵向滚轮和横向滚轮）和主滚轮两种，分别安装在外门架、内门架和货叉架上。

2. 叉车工作装置的主要类型

（1）按起升形式分

1）无自由起升式

无自由起升式门架中，内门架和起升油缸活塞杆上部连接，当活塞开始动作时，两者位移和运动速度完全相同，起升货叉、内门架同时起升。无自由起升工作装置的结构最简单，多用在露天场地起重量比较大的叉车上，如图 7-18 所示。

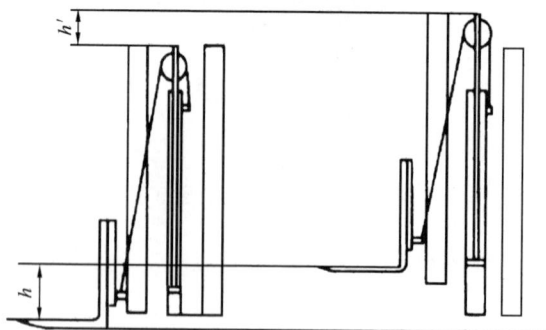

图 7-18　无自由起升工作装置示意图

h'—活塞杆起升高度；h—货物起升高度

2）部分自由起升式

自由起升是叉车在外形高度不变的条件下，能将货物起升到一定高度，如图 7-19 所示。部分自由起升是在叉车外形高度不变的情况下，能将货物起升 300mm 左右的高度，使叉车既便于行驶，又不增加外形高度，能方便地通过仓库和车厢门。

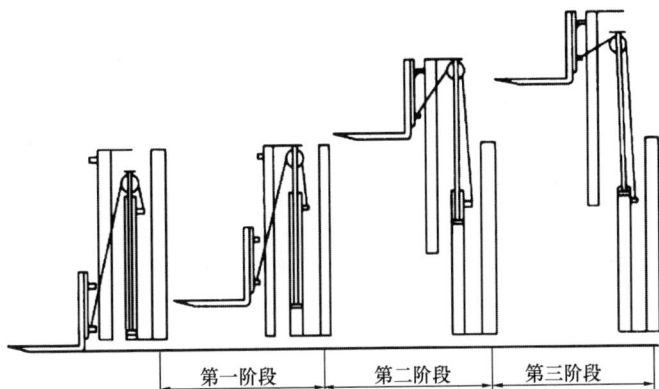

図 7-19　部分自由起升工作装置示意图

部分自由起升在货叉从地面起升到最大起升高度过程中，可以分为三个阶段：第一阶段（自由起升阶段）货叉以液压缸 2 倍的行程起升，内门架不动，叉车的整车高度不变。第二阶段货叉以液压缸 2 倍的行程起升，内门架起升和液压缸的行程同步。第三阶段内门架和货叉同步以 2 倍的液压缸行程起升，直到最大起升高度。该起升形式多用于出入于库房、车间的 6t 以下的叉车。

3）全自由起升

全自由起升就是当叉架沿内门架移动全过程时，内门架静止不动，叉车总高度不变，如图 7-20 所示。叉车既能在低净空场所进行低高度的堆码装卸作业，又能在净空较大的场所利用它的最大起升高度，从而扩大了叉车的使用范围。其门架的起升分为两个阶段：第一阶段为自由起升阶段，内门架不动，货叉沿它起升直到内门架的最上端；第二阶段货叉相对内门架不动，它随内

81

门架一同起升至最大起升高度。这是靠两套液压缸（自由起升液压缸和起升液压缸）实现的。两套液压缸油路是并联的，而自由起升液压缸的动作压力低，故它总是先起后降。多用于在低矮仓房、车厢内和集装箱内进行拆码作业的 3t 以下叉车。

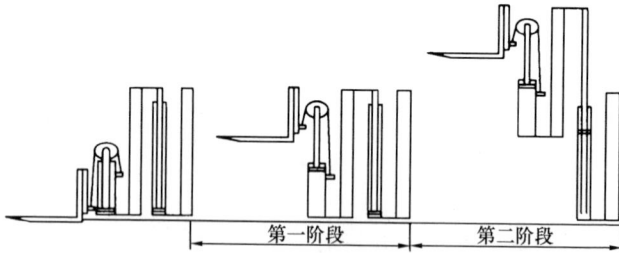

第一阶段　　第二阶段

图 7-20　全自由起升工作装置示意图

（2）按门架的级数分

1）单级门架

只有一个门架，叉架沿着它起升，液压缸也短，最大起升高度永远低于叉车高度，结构简单，刚性好，只有在起升高度很小的叉车上才用。

2）两级门架

在单级门架的基础上多加了一个内门架。它的起升高度可以高于叉车的高度，是叉车上应用最多的一种形式。

3）三级门架

在内、外门架之间加了一个中门架，形成三级伸缩机构。它的起升高度与叉车全高相差悬殊，在要求起升高度大或叉车的全高受到限制时采用这种形式，其结构复杂，驾驶员的视野差。

3. 叉车液压传动系统

（1）功用

叉车液压传动系统是利用工作液体传递能量的传动机构，主要用于门架的起升和倾斜机构的工作，具有结构紧凑、传递平稳、调节及换向方便等优点。

（2）组成

叉车液压传动系统由动力机构、执行机构、操纵机构、辅助装置、传动介质等部分组成。

1）动力机构：指油泵，用以将机械能传给液体，形成液体压力。

2）执行机构：由液压缸（起升、倾斜液压缸）或液压马达，把液体的压力能转换为机械能，输出到取物装置上去。

3）操纵机构：又称控制调节机构，用来控制和调节液流的压力、流量（速度）及方向，以满足叉车工作性能的要求，并实现各种不同的工作循环，主要有多路控制阀、分流阀和安全阀等部件。

4）辅助装置：主要有油管、油箱、滤油器等，其作用是储存、输送、过滤液压油，以及保温、冷却、沉淀杂质等。

5）传动介质：液压油充当能量传递的介质，并有冷却、沉淀杂质等作用。

第八章 叉车的驾驶作业

第一节 叉车的基础驾驶

1. 机械传动内燃叉车操纵装置运用

叉车的操纵装置包括转向盘、离合器踏板、加速踏板、变速与换向操纵杆、起升与倾斜操纵杆、制动踏板与驻车制动操纵杆等六大操作部件，如图8-1所示。

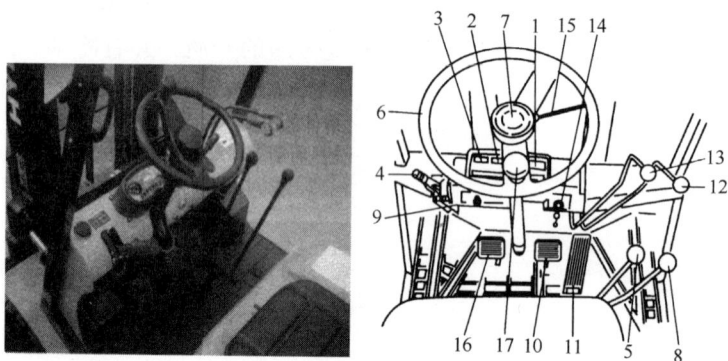

图 8-1　机械传动叉车操作装置

1—计时表；2—冷却液温度；3—燃油表；4—停车制动手柄；5—前进、后退手柄；
6—转向盘；7—喇叭按钮；8—变速手柄；9—灯光开关；10—制动踏板；11—加速踏板；12—倾斜手柄；13—起升手柄；14—预热起动开关；15—转向信号手柄；
16—离合器踏板；17—转向快转手柄

（1）转向盘的运用

1）在平直道路上以及站台、仓库内行驶时，可采用单手操纵转向手柄或双手操纵转向盘的方式。两手运用转向盘动作应平衡，以左手为主，右手为辅，根据行进前方车辆、人员、通道等情况，作必要的修正，一般不要左右晃动。

2）转弯时应提前减速（在平整路面上走行转向时，速度不得超过 5km/h），尽量避免急转弯。

3）在高低不平的道路上，横过铁路道口行驶或进出车门时，应紧握转向盘，以免转向盘受叉车颠簸的作用力而猛烈振动或转向而击伤手指或手腕。

4）单手转动转向盘不可用力过猛，叉车运行停止后，不得原地转动转向盘，以免损伤转向机件。

5）当右手操纵起升手柄、倾斜手柄时，左手可通过快转手柄单手操纵控制转向盘。

（2）离合器的运用

离合器的使用非常频繁，叉车驾驶员可以根据装卸作业的需要，踏下或松开离合器踏板，使内燃机与变速器暂时分离或平稳接合，切断或传递动力，满足叉车不同工况的要求。

1）操作方法

使用离合器时，用左脚踏在离合器踏板上，以膝和脚关节的伸屈动作踏下或放松。踏下即分离，动作要迅速、利索，并一次踏到底，使之分离彻底，不能拖泥带水；松抬即接合，放松时一般在离合器尚未接合前的自由行程内可稍快。当离合器开始接合时应稍停，逐渐慢慢松抬，不能松抬过猛，待完全接合后迅速将脚移开，放在踏板的左下方。

2）注意事项

① 叉车行驶中，不论是高挡换低挡，还是低挡换高挡，禁止不踏离合器换挡。

② 叉车行驶不使用离合器时，不得将脚放在离合器踏板上，以免离合器发生半联动现象，影响动力传递，加剧离合器片、分离轴承等机件的磨损。

③ 一般若不是十分必要，不得采取不踏离合器而制动停车的操作方法。

④ 经常检查并保持分离杠杆与分离轴承的间隙，并对离合

器分离轴承、座、套等按时检查加油。

（3）变速器的档位及操作

一般中、小型内燃叉车变速器挡位分为五个挡，即空挡、前进一挡、前进二挡、后退一挡、后退二挡。

叉车在行驶和作业中，换挡比较频繁，及时、准确、迅速地换挡，对于提高作业效率、延长叉车的使用寿命、节省燃料起着重要作用。

操纵变速杆换挡时，右手要握住变速杆，换挡结束后立即松开，动作要干净利落，不得强推硬拽。方向逆变时，必须待叉车停稳后，方可换挡，以免损坏机件；要根据车速变化情况及时变换挡位，不可长时间以起动用的低速挡作业。

（4）制动器的运用

在运行中，叉车的减速或停车，是靠驾驶员操作制动器和驻车制动器来实现的。正确合理地运用制动器，是保证作业安全的重要条件，同时对减少轮胎的磨损，延长制动机件的使用寿命有着直接的影响。使用制动器应注意一下问题：

1）不得穿拖鞋开车。

2）叉车在雨、雪、冰冻等路面或站台上行驶，不得进行紧急制动，以免发生侧滑或掉下站台。

3）一般情况下，不得采取不用离合器而进行制动停车的操作方法。

4）不得以倒车代替制动（紧急情况下除外）。

5）使用驻车制动前，必须先用制动器使车停住。使用驻车制动器时，不可用力过猛，以防推杆体、护杆套脱落，卡住制动蹄片。运行时严禁用驻车制动，只有在制动器失灵，又遇紧急情况需要停时，才可用驻车制动紧急停车。停车时，必须拉紧驻车制动。

（5）加速踏板的操作

操纵加速踏板要以右腿跟为支点，前脚掌轻踩加速踏板，用脚关节的伸屈动作踩下或放松。操纵时要平稳用力，不得猛踩、快踩、连续抖动。

（6）工作装置的操作

工作装置是叉车进行装卸作业的工作部分，它承受全部货物重量并完成货物的叉取、起升、降落及堆码垛等装卸工序。其主要操作部件有升降手柄、倾斜手柄和属具手柄等。

1）操作方法

① 叉取货物起升时，右手向后拉动起升操作手柄，同时右脚平稳地踏下加速踏板，货叉带动货物上升，升至要求高度时，右脚松开加速踏板的同时，右手将起升操纵杆恢复到中间位置。

② 货物下降时，右手向前推动起升操作手柄（不用踏下加速踏板，靠其重力下降），货物在货叉带动下降落。

③ 货叉前、后倾时，也是在踏下加速踏板的同时，右手向前推动或向后拉动倾斜操纵手柄，实现前、后倾工况的要求。

2）注意事项

① 叉取货物起升或降落时，要确保货物平稳地放置在货叉上，避免货物滑落。动作要平稳，不能忽快忽慢，特别是叉取较重的货物降落时，要平稳缓慢下降，一次降到底，不能时降时停，以免损坏机件。

② 禁止升降或前后倾到达顶点时，仍然继续向同方向扳动操作手柄。

③ 属具手柄操作动作要柔和，避免突然前推或后转。要注意属具手柄的移动量，保证货物与属具可靠接触而不损坏。

④ 侧移操作时，要始终参考载荷曲线进行侧移操作，侧移时严禁货叉处于地面时作侧移操作，货物起升后的侧移操作务必要小心，防止突然移动使叉车失稳。

2. 起动与熄火

（1）起动　起动前，应检查液压油位是否处于油位计刻度的中间位置；检查冷却液、机油和燃油、蓄电池电解液液面高度，以及灯光、仪表、轮胎气压等；检查管子、接头、泵、阀有无泄漏与损坏；检查行车制动和驻车制动是否可靠。驾驶员按照起动前应检查的程序、内容、要求，进行认真检查后，方可起动。

1）操作方法

① 拉紧驻车制动，变速杆置空挡位置。

② 打开点火开关，顺时针旋转起动钥匙，接通点火线路。

③ 左脚踏下离合器踏板，右脚稍踏下加速踏板，汽油机转动点火开关钥匙置起动位置即可起动；柴油机要旋转起动旋钮或按钮。

④ 内燃机起动后，待内燃机怠速（600～750r/min）运转稳定后，松开离合器踏板，保持低速运转，逐渐升高内燃机温度。密切注意仪表的指示是否正常。切勿猛踩加速踏板，以免造成机油压力过高，内燃机磨损加剧。

2）注意事项

① 内燃机在低温条件下，应进行预热，一般可采用加注热水的方法或将起动开关钥匙转到"预热"位置停留 45～60s，使各润滑面得到较充分的润滑，严禁使用明火预热。

严寒情况下冷机起动时，先用手转动风扇，防止水泵轴冻结，转动汽油泵摇臂，使化油器内充满汽油，预热内燃机再行起动。

② 起动机一次工作时间不得超过 5s，切不可长时间按下按钮不放，以免损坏起动机和蓄电池。连续起动不超过 2 次，每次之间的间隔应为 10～15s。连续 3 次仍然起动不了，应进行检查，待故障排除后，再行起动。

③ 禁止使用拖拉、顶撞、溜坡或猛抬离合器踏板的方法进行起动，以免损伤机件及发生事故。

④ 内燃机运转中不得将钥匙转至"起动"和"断开"位置上。

（2）熄火叉车作业结束需要停熄时，汽油叉车只需将点火开关关闭，观察电流表指针的摆动情况，即可判断电路是否已经切断。在停熄内燃机前，切勿猛踏加速踏板轰车，这不仅会浪费燃料，而且还会增加内燃机的磨损。如果在内燃机温度过高时熄火，首先应使内燃机怠速运转 1~2min，使机件均匀冷却，然后再关闭点火开关，将内燃机停熄。

柴油叉车停熄时，应先以怠速运转数分钟，待机件得到均匀冷却后，操纵停车手柄，使喷油泵柱塞转至不供油位置，关闭点火开关便可停熄。

3. 起步与停车

（1）起步

叉车起步包括平路起步和坡道起步。叉车完成起动操作后，内燃机运转正常，空转 5min，待水温升至 50℃以上，机油温度升到 40℃以上，才可带负荷工作；无漏油、漏水现象，货叉升降平稳，门架倾斜到位，确认叉车四周无妨碍行车安全的障碍后，便可以挂挡起步。

1）平路起步　叉车在平路上起步时，先要系好安全带，调整好座椅位置，身体要保持正确的驾驶姿势，两眼注视前方道路和交通情况，不得低头看。操作要领如下：

① 左脚迅速踏下离合器踏板，右手将变速杆挂入一挡，换向杆挂入前进挡或倒挡。一般要用低速挡起步，可用一挡。

② 松开驻车制动操纵杆、打转向灯、鸣笛。

③ 在慢慢抬起离合器踏板的同时，平稳地踏下加速踏板，使叉车慢慢起步。

起步时应保证迅速、平稳，无闯动、振抖、熄火现象，操作动作要准确。

平稳起步的关键在于离合器踏板和加速踏板的配合。离合器与加速踏板的配合要领：

左脚快抬听声音，音变车抖稍一停，右脚平稳踏加速踏板，左脚慢抬车前进。

2）坡道起步

① 操作要领

A. 在 10°坡道上行驶至坡中停车，内燃机不熄火，挂入空挡，靠制动及加速踏板保持动平衡，车不下滑。

B. 起步时，要注意勿忘系好安全带、然后挂入前进一挡，踩下加速踏板，同时松抬离合器踏板至半联动，并松开驻车制动器，再接着逐渐加速，松开离合器踏板，起步上坡前进。

C. 起步时，若感到后溜或动力不足，应立即停车，重新起步。

② 操作要求

A. 坡道上起步时，起步平稳，内燃机不得熄火。

B. 叉车不能下滑，车轮不能空转。

C. 换挡时不能发出声响。

（2）停车

1）操作要领

① 松开加速踏板，打开右转向灯，徐徐向停车地点停靠。

② 踏下制动踏板，当车速较慢时踏下离合器踏板，使叉车平稳停下。

③ 拉紧驻车制动杆，将变速杆和方向操纵杆移到空挡，并将货叉降低着地。

④ 松开离合器踏板和制动踏板，关闭转向灯内燃机怠速运转 2～3min，关闭点火开关，将熄火拉钮拉出后再关上。

⑤ 解开安全带后，手扶转向盘或把手后退下车，不能跳下车。

2）操作要求

① 把握平稳停车的关键在于根据车速的快慢适当地运用制动踏板，特别是要停住时，应适当放松一下踏板。方法包括：轻重轻、重轻重、间歇制动和一脚制动等。

② 行进中的车辆，除紧急情况外，不得使用驻车制动器来使行驶的车辆减缓速度或停车。

4. 直线行驶与换挡

（1）直线行驶

直线行驶主要包括起步、行驶，应注意离合器、制动器和加速踏板的使用以及换挡操作等。

1）操作要领

① 直线行驶时，要看远顾近，注意两旁。

② 操纵转向盘，应以左手为主、右手为辅，或左手握住转向盘手柄操作，要平稳不要乱晃动。双手操纵转向盘用力要均衡、自然，要细心体会转向盘的游动间隙。

③ 如路面不平，车头偏斜时，应及时修正方向。修正方向要少打少回，以免"蛇行"。

2）注意事项

① 驾驶时要身体坐直，左手握住快速转向手柄，右手放在转向盘下方，目视叉车行进的前方，精力集中。

② 行驶中，除有时一手必须操作其他装置（如门架的升降、前后倾等）外，不得用单手操纵转向盘。

③ 货叉底端距地面高度应保持300mm左右、门架后倾。

（2）换挡

1）叉车档位

叉车挡位一般分为方向挡和速度挡，即前进挡和后退挡、低速挡和高速挡。叉车行驶中，要根据情况及时换挡。在平坦的路面上，叉车起步后应及时换上高速挡。

2）换挡操作要领

低速挡换高速挡叫加挡，高挡换低挡叫减挡。

① 加挡：通常用两脚离合器。先加速，当车速上升后，踏下离合器踏板，变速杆移入空挡，抬起踏板，再迅速踏下并将变速杆推入高速挡。最后在抬起离合器踏板的同时，缓缓加油。

② 减挡：通常用两脚离合器，中间踏下加速踏板。先放松加速踏板，使叉车减速，然后踏下离合器踏板，将变速杆移入空挡，在抬起离合器踏板后踏下加速踏板（俗称"轰油门"），再踏下离合器踏板，并将变速杆挂入低挡。最后在放松离合器踏板的同时踏下加速踏板。

叉车在行驶中，驾驶员应准确地掌握换挡时机。加挡过早或减挡过晚，都会因内燃机动力不足造成传动系统抖动；加挡过晚或减挡过早，则会使低挡使用时间过长，而使燃料经济性变坏，必须掌握换挡时机，做到及时、准确、平稳、迅速。

3）注意事项

① 换挡时两眼应注视前方，保持正确的驾驶姿势，不得向下看变速杆。

② 变速杆移至空挡后不要来回晃动。

③ 齿轮发响和不能换挡时，不准硬推，应重新换挡。

④ 换挡时要掌握好转向盘。

5. 转向与制动

（1）转向

叉车在行驶中，常因道路情况或作业需要而改变行驶方向。叉车转向是靠偏转后轮完成的，因此叉车在窄道上作直角转弯时，应特别注意外轮差，防止后轮出线或刮碰障碍物。

1）操作要领

当叉车驶近弯道时，应沿道路的内侧行驶，在车头接近弯道时，逐渐把转向盘转到底，使内前轮与路边保持一定的安全距离。

驶离弯道后，应立即回转方向，并按直线行驶。

2）注意事项

① 要正确使用转向盘，弯缓应早转慢打，少打少回；弯急应迟转快打，多打多回。

② 转弯时，车速要慢转动转向盘不能过急，时刻注意车后的摆幅。如果附近有行人或车辆，应发出信号以免造成侧滑。

③ 转弯时，应尽量避免使用制动，尤其是紧急制动。

（2）制动

1）制动的种类

一般按照需要制动的情况，可分为预见性制动和紧急制动两种。

预见性制动就是驾驶员在驾驶叉车行驶作业中，根据行进前方道路及工作情况，提前做好准备，有目的地采取减速或停车的措施。

紧急制动就是驾驶员在行驶中突遇紧急情况，所采取的立即正确使用制动器，在最短的距离内将车停住，避免事故发生的措施。

2）制动的操作要领

① 确定停车目标，放松加速踏板。

② 均匀地踩下制动踏板，当车速减慢后，再踩下离合器踏板，平稳停靠在预定目标。

③ 拉紧驻车制动杆，将变速杆和方向操作杆移至空档。

④ 关闭点火开关，拉出熄火拉钮待内燃机停转后，再按下熄火拉钮。

3）定位制动　在距叉车起点线 20m 处，放置一个定点物，叉车制动后，要求货叉能够触到定点物，但不能将其撞倒。

① 操作要求

A. 叉车从起点线起步后，以高速挡行驶全程，换挡时不能发出响声。

B. 制动后内燃机不能熄火。

C. 叉尖轻轻接触定点物，但不能将其撞倒。

② 操作要领

A. 叉车从起点线起步后，立即加速，并换入高速挡。

B. 根据目标情况，踩下制动踏板，降低车速。

C. 当接近目标，叉车将要停下时，踏下离合器踏板，并在叉车前叉距目标 10cm 时，踩下制动踏板将车停住。

D. 将变速杆放人空档，松开离合器和制动踏板。

4）注意事项

① 叉车在雨、雪、冰等路面或站台上行驶，不得紧急制动，以免发生侧滑或掉下站台。

② 一般情况下，不得采取不用离合器而直接制动停车的方法，不得以倒车代替制动。

③ 使用驻车制动时，必须先用行车制动将车制动住，然后再用驻车制动。一般情况下使用驻车制动时，不可用力过猛，以

防推杆体、护杆套脱落，卡住制动蹄片。运行时严禁用驻车制动，但当行车制动失灵，又遇紧急情况需要停车时，也可用驻车制动紧急停车。停车时，必须实施驻车制动。

6. 倒车与调头

（1）倒车

1）操作要领　叉车后倒时，应先观察车后情况，并选好倒车目标。挂上倒挡起步后，要控制好车速，注意周围情况，并随时修正方向。

倒车时，可以注视后窗倒车、注视侧方倒车、注视后视镜倒车。目标选择以叉车纵向中心线对准目标中心、叉车车身边线或车轮靠近目标边缘。

2）操作要求

① 倒车时，应先观察好周围环境，必要时应下车观察。

② 直线倒车时，应使后轮保持正直，修正时要少打少回。

③ 曲线倒车应先看清车后情况，在具备倒车条件下方可倒车。

④ 倒车转弯时，在照顾全车动向的前提下，还要特别注意后内侧车轮及翼子板是否会驶出路外或碰及障碍物。在倒车过程中，内前轮应尽量靠近桩位或障碍物，以便及时修正方向避让障碍物。

3）注意事项

① 应特别注意内轮差，防止内前轮出线或刮碰障碍物。

② 应注意转向、回转方向的时机和速度。

③ 曲线倒车时，尽量靠近外侧边线行驶，避免内侧刮碰或压线。

④ 叉车后倒时，应先观察车后情况，并选好倒车目标。

（2）掉头

叉车在行驶或作业时，有时需要掉头改变行驶方向。掉头应选择较宽、较平的路面。

1）操作要领

先降低车速，换入低挡，使叉车驶近道路右侧，然后将转向盘迅速向左转到底，待前轮接近左侧路边时，踏下离合器踏板，并迅速向右回转方向，制动、停车。

挂上倒挡起步后，向右转足方向，到适当位置，踩下离合器踏板，向左回转方向，制动停车。

当在道路较窄时，重复以上动作。掉头完成后，挂前进挡行驶。

2）操作要求

① 在掉头过程中不得熄火，不得转死方向，车轮不得接触边线。

② 车辆停稳后不得转动转向盘。

③ 必须在规定较短时间内完成掉头。

3）注意事项

在保证安全的前提下，尽量选择便于掉头的地点，如交叉路口、广场，平坦、宽阔、土质坚硬的路段。避免在坡道、窄路或交通复杂地段进行掉头。禁止在桥梁、隧道、涵洞或铁路交叉道口等处掉头。

① 掉头时采用低速挡，速度应平稳。

② 注意叉车后轮转向的特点。

③ 禁止采用半联动方式，以减少离合器的磨损。

第二节　叉车的式样驾驶

式样驾驶通常包括直弯通道行驶、绕"8"字、侧方移位、倒进车库、越障碍。

1. 直弯通道行驶

叉车在作业时，经常在狭窄的直弯通道中行驶，必须考虑场地的通道宽度和叉车的转弯半径，

只有正确驾驶操作，才能保证安全顺利地作业。

（1）场地设置

如图 8-2 所示，路宽＝外转向轮半径－内前轮半径＋安全距

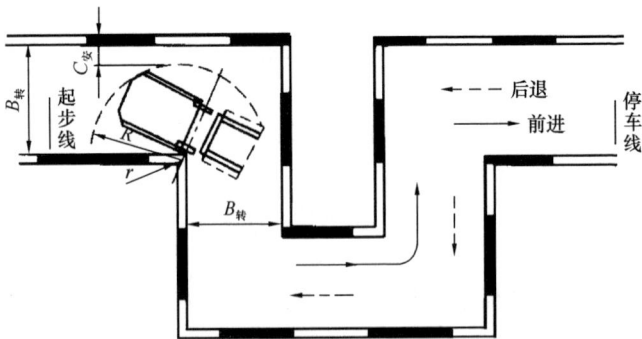

图 8-2　直弯通道行驶场地设置示意图

离，路长可以任意设定。

（2）操作要求

叉车起步后前进行驶，经过右转—左转—左转—右转后，到达停车位；然后按原路后退行驶，经过右转—左转—左转—右转后，返回到起始位置。行驶过程中要保持匀速行驶，做倒不刮、不碰、不熄火、不停车。

（3）操作要领

1）前进

叉车进入科目区应尽量靠近内侧边线，内侧车轮与内侧边线应保持约 0.10m 的距离，并保持平行前进。距离直角 1~2m 处，减速慢行。待门架与折转点平齐时，迅速向左（右）转动转向盘至极限位置，使叉车内前轮绕直角转动，直到后轮将越过外侧边线时，再回转转向盘。把方向回正后，按新的行进方向行驶，完成此次前进操作。

2）后退

叉车后轮沿外侧行驶，为前轮留下安全行驶距离。当叉车横向中心线与直角点对齐时，迅速向左（右）转动转向盘到极限位置，待前轮转过直角点时立即回转方向摆正车身，继续后退行驶。

（4）注意事项

1）应特别注意外轮差，防止后轮出线或刮碰障碍物。

2）要控制好车速，注意转向、回转方向的时机和速度。

3）操作时用低速挡匀速通过。

4）尽量靠近内侧边线行驶，转向要迅速，注意不要刮碰。

5）转弯后应注意及时回正方向，避免刮碰内侧。

2. 绕"8"字形

（1）场地设置

绕"8"字可以进一步练习叉车的转向，训练驾驶员对转向盘的使用和行驶方向的控制，如图 8-3 所示。

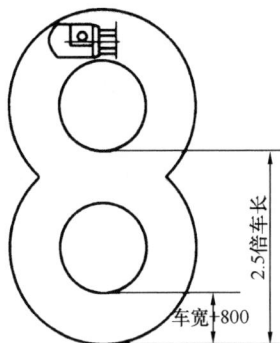

图 8-3 绕"8"字场地
设置示意图

内燃叉车路宽：车宽＋800mm；电动叉车路宽：车宽＋600mm。

大圆直径：2.5 倍车长。

小圆直径：大圆直径－路宽。

对于大吨位的叉车，其路幅还可以适当放宽。

（2）操作要求

1）车速不宜过快，操作时用同一档位行驶全程。待操作熟练后，再适当加速。

2）叉车行进时，内、外侧不能刮碰或压线。

3）中途不能熄火、停车。

（3）操作要领

1）叉车从"8"字形场地顶端前进驶入，运用加速踏板要平稳，并保持匀速行驶，防止叉车动力不足。

2）叉车稍靠近内圈行驶，前内轮尽量靠近内圆线，随内圆变换方向，避免外侧刮碰或压线。

3）通过交叉点中心线时，在叉车与待驶入的通道对正时，应及时回正方向，同时向相反方向转动转向盘改变目标，向另一侧转向继续行驶。转向要快而适当，修正要及时少量。

4）叉车后倒时，后外轮应靠近外圈，随外圈变换方向，如同转大弯一样，随时修正方向。

后倒行驶时，要按大转弯的要领操作，后外轮应靠近外圈，随外圈变换方向。叉车行至交叉点中心线时，应及时向相反方向转动转向盘。

（4）注意事项

1）应特别注意外轮差，防止后轮出线或刮碰障碍物。

2）注意转向、回转方向的时机和速度。初学时，速度要慢，适用加速踏板要平稳。

3）尽量靠近内侧边线行驶，避免外侧刮碰或压线。转动转向盘要平稳、适当。

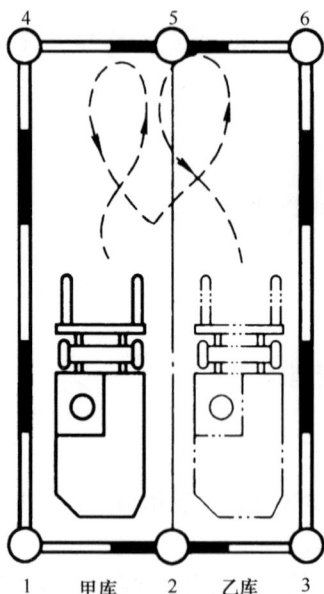

图 8-4　叉车侧方移位场地设置

4）转弯后应注意及时回正方向，同时改变目标，并向另一侧转向继续行驶。修正方向要及时，角度要小，不要曲线行驶。

3. 侧方移位

叉车在作业中，采用前进和后倒的方法，由一侧向另一侧移位，叫侧方移位，主要应用于取货和码垛作业中，调整叉车的位置，而车身方向不变。

（1）场地设置　场地设置如图 8-4 所示，通常设在平坦的路面上，车位长（1-4、2-5、3-6）为两车长；车位宽（甲乙两库宽之和）：两车宽＋80cm。

（2）操作要求

1）按规定的行驶路线完成操作，两进、两倒完成侧方移位至另一侧后方时，要求车正、轮正。

2）操作过程中车身任何部位不得碰、刮桩杆，不准越线。

3）每次进退过程中，不得中途停车，操作中不得熄火，不得使用"半联动"和打"死方向"。

（3）操作要领

1）叉车从左侧（甲库）移向右侧（乙库）

① 第一次前进　起步后稍向右转向，使左侧沿标志线慢慢前进，当货叉前端距前标志线 0.5m 时，迅速向左转向全车身朝向左方。在距标志线约 30cm 时，踏下离合器，向右快速回转方向并停车，为下次后倒行驶做好准备。

② 第一次倒车　起步后继续把方向向右转到底，并边倒车边向左回转方向。当车尾距后标志线 0.5m 时，迅速向右转向并停车。

③ 第二次前进　起步后向右继续转向，然后向左回正方向，使叉车前进至适当位置停车。

④ 第二次倒车　驾驶应回头，注意修正方向，观察叉车后部与外标杆、中心标杆，待车尾距后标线 1m 时，驾驶员应回头向前看，使叉车正直停在右侧库中。

2）叉车从右侧（乙库）向左侧（甲库）移位　叉车从右侧（乙库）向左侧（甲库）移位的要领与叉车从左侧（甲库）移向右侧（乙库）的要领基本相同。

（4）注意事项　操作时，必须注意控制车速；在进退中不允许踏离合器踏板，也不允许随意停车，更不允许打"死方向"，以免损坏机件。倒车时，应准确判断目标，转头要迅速及时，兼顾好左右及前后。

4. 倒进车库

（1）场地设置

场地设置如图 8-5 所示，车库长＝车长＋40cm，车库宽：车宽＋40cm，库前路宽：1.25 倍车长。

（2）操作要领

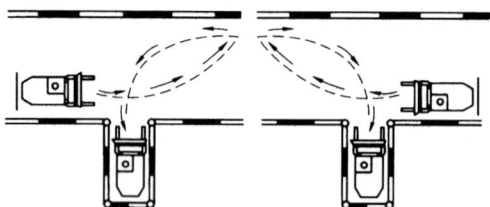

图 8-5　叉车倒进车库场地设置示意图

1）前进

倒进车库前，叉车以低速挡起步，先靠近车库一侧的边线行驶，并适当留足叉车与库之间的距离。当前轮接近库门右桩杆时，迅速向左转向，当前进至货叉距边线约 1m 时，迅速并适时地回转转向盘，同时立即停车。

2）后倒

后倒前，看清后方，选好倒车目标，起步后继续转向，注意左侧，使其沿车库一侧慢慢后倒，并兼顾右侧。当车身接近车库中心线时，及时向左回正方向，并对方向进行修正，使叉车在车库中央行驶。当车尾与车库两后桩杆相距约 20cm 时，立即停车。

（3）注意事项

要注意观察两旁，进退速度要慢，确保不刮不碰；如倒车困难，应先观察清楚后再后倒；叉车应正直停在车库中间，货叉和车尾不超出库外或库线之外。

5. 越障碍

（1）场地设置

场地设置如图 8-6 所示（单位：mm）。

（2）操作要求

1）门架垂直，货叉在最大宽度位置。

2）在规定的时间内叉车由起点驶入障碍区；起步、进出障碍区要鸣笛。

3）行驶中不擦、碰障碍物（按图线要求每 490mm 摆放一

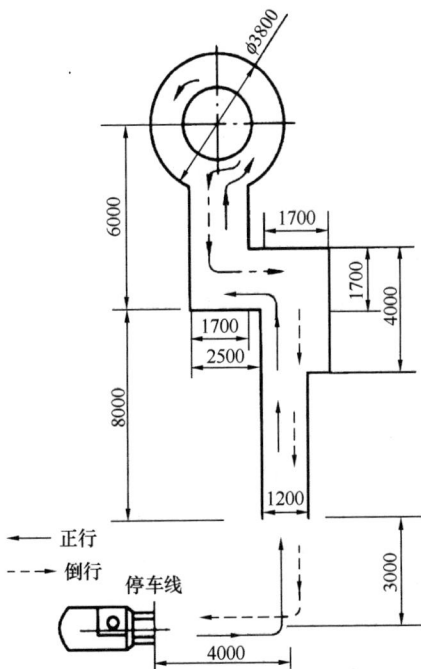

图 8-6　越障碍训练场地设置

标杆作为障碍物)。在行驶中不能熄火。

4) 在圆角处绕过一周后，再倒退返回原地，按规定停放
叉车。

(3) 操作要领

1) 叉车前进时，用低速挡起步行驶。

① 当叉车货叉前端与通道边线平行时，开始转向，使叉车
处于通道中间，保持低速行驶。

② 当接近转弯时，使叉车靠近左侧行驶，当叉车门架与弯
道横线平行时，迅速转向使叉车进入横向弯道，同时使叉车靠近
右侧，并转向使叉车进入纵向通道。

③ 当叉车门架与环形通道接触时，开始转向，使叉车沿弯
道路左侧行驶，绕行一周后，前进行驶结束。

2) 叉车驶过环形通道后，再进行倒退行驶。

① 驾驶员要按倒车要领，瞄准叉车尾部，使叉车沿外侧行驶，当尾部与弯道横线接触时开始转向，使叉车转弯进入横道或纵向通道。

② 驶入窄道时，要使叉车保持在中间行驶，驶出窄道后，边转弯边使叉车正直停放在原位。

第三节 叉车的作业与应用

目前，铁路、港口、仓库、工厂和机场广泛应用叉车来完成物资的装卸与搬运。无论用内燃叉车还是电动叉车，都要经过叉取货物、卸下货物和途中行驶三个作业过程，并且经常会遇到各种特殊情况下的行驶作业。因此，正确把握操作程序和工作环境特点，可以提高驾驶员对叉车的综合应用能力，确保作业质量。

1. 叉车叉取货物

叉取货物起升时，右手向后拉动起升操作手柄，同时右脚平稳地踏下加速踏板，货叉调动货物上升，升至要求高度时，在右脚松开加速踏板的同时，右手将起升操纵杆恢复至中间位置。叉车叉取货物共有八个步骤，见表 8-1。

叉车叉取货物程序 表 8-1

操作顺序	操作步骤	操作方法	操作图示	操作要求
1	驶近货垛	叉车起步后，操纵叉车行驶至货垛前面，进入工作位置		1. 通过操纵杆，操纵门架动作或调整叉高，要求动作连续，一次到位，不允许反复多次调整，以提高作业效率。
2	垂直门架	操纵门架倾斜操纵杆，使门架处于垂直（或货叉水平）位置		

102

操作顺序	操作步骤	操作方法	操作图示	操作要求
3	调整叉高	操纵货叉升降操纵杆，调整货叉高度，使货叉与货物底部空隙同高		
4	进叉取货	操纵叉车缓慢向前，使货叉完全进入货物下部		2. 进叉取货过程中，可以通过离合器控制进叉速度（但不能停车），避免碰撞货垛。取货要到位，即货物一侧应贴上叉架（或货叉垂直段），同时，方向要正，不能偏斜，以防货物散落。
5	微提货叉	操纵货叉升降操纵杆，使货物向上起升而使货物离开货垛，一般为50～100mm		3. 进叉取货时，叉高要适当，禁止刮碰货物。
6	后倾门架	操纵门架倾斜操纵杆，使门架后倾，防止叉车在行驶中发生货物散落		4. 叉货行驶时，门架一般应在后倾位置。在叉取某些特殊货物，门架后倾反而不利时，也应使门架处于垂直位置。任何情况下，禁止重载叉车在门架前倾状态下行驶。
7	退出货位	操纵叉车倒车而离开货位		
8	调整叉高	操纵货叉升降操纵杆，调整货叉的高度，使其距地面一定高度，电动叉车为100～200mm，内燃叉车为200～300mm，最后操纵叉车行驶到新的货垛		5. 如果重心偏移，则应适当调整

103

2. 叉车卸下货物

货物下降时，右手向前推动起升操作手柄（不用踏下加速踏板，靠其重力下降），货物在货叉带动下降落。同样，货叉前、后倾时，也是在踏下加速踏板的同时，右手向前推动或向后拉动倾斜操纵手柄，实现前、后倾工况的要求。叉车卸下货物共有 8 个步骤，见表 8-2。

叉车卸下货物程序   表 8-2

操作顺序	操作步骤	操作方法	操作图示	操作要求
1	驶近货位	叉车叉取货物后行驶到卸货位置，准备卸货		1. 通过操纵杆，操纵门架动作或调整叉高，动作要柔和，速度要慢，以防货物散落。同时动作要连续，一次到位，不允许反复多次调整，以提高作业效率。
2	调整叉高	操纵货叉升降操纵杆，使货叉起升（或下降），而超过货垛（或货位）高度		
3	进车对位	操纵叉车继续向前，使货物位于货垛（或货位）的上方，并与之对正		
4	垂直门架	操纵门架操纵杆，使门架向前处于垂直位置		2. 对准货位时速度要慢（可用半联动控制），但不能停车，禁止打死方向，左、右位置不偏不斜。前后不能完全对齐，要留出适当距离，以防垂直门架时货叉前移而不能对正货堆。
5	落叉卸货	操纵货叉升降操纵杆，使货叉慢慢下降，将所叉货物放于货垛（或货位）上，并使货叉离开货物底部		

操作顺序	操作步骤	操作方法	操作图示	操作要求
6	退车抽叉	叉车起步后倒，慢慢离开货垛		
7	后倾门架	操纵门架向后倾斜		3. 垂直门架一定要在对准货位以后进行，保证叉车在门架后倾状态移动
8	调整叉高	操纵货叉起升或下降至正常高度，驶离货堆		

3. 拆码垛作业

叉车拆码垛作业是叉取货物和卸下货物，有时还与短途运输相结合，同时还要求堆码整齐的综合性作业，要求的标准更高，难度更大，是叉车驾驶员综合操作技能的反映。

（1）操作要求

1）叉车的起步、换挡、离合器、加速踏板的使用等要符合有关规定。

2）叉车拆码垛动作要按取货和放货程序进行。当动作熟练后，有些动作可以连续进行，而不必停车。

3）在近距离范围内连续作业时，放货后的最后两个动作即后倾门架和调整叉高，可视具体情况，决定去留。

4）叉车在取货后，倒出货位或卸货前对准货位，货叉稍抬起，不能顶撞、拖拉，要防止刮碰两侧货垛。

5）每次堆码的货物上下、各面均要对齐，相差不能超过50mm。码放完毕，叉车停在起止线处，且要按规定停放。

（2）注意事项

1）叉车作业，不论是装货，还是卸货，都必须重复完成叉货、卸货两个基本程序动作要求。

2）一定要由慢到快，循序渐进，养成良好的操作习惯。

3）要特别注意行驶速度与操纵动作的协调、操作动作与制动动作的配合。

4）严禁超载，同时要控制起升和下降速度。

4. 载托盘曲线穿、拆、堆垛

（1）训练器材

1）普通托盘 2 个。

2）平衡木 5 个（高 150mm、直径 10.0mm）。

3）铁标杆 18 个（高 1500mm、直径 8mm，底座为边长 150mm、厚度为 8mm 的等边三角形）。

（2）场地设置　按图 8-7 所示画线立标杆，将 5 根平衡木置于托盘的四角与中心的位置上，然后将另一托盘放在平衡木上边，上、下托盘对齐，并将此托盘组放在一号位内，叉车放置在车库里，如图 8-7 所示。

（3）操作要领

1）接指挥信号后，叉车鸣笛起步进一号位，叉取放在平衡木上边的托盘倒回车库，托盘离地 200～300mm 顺进穿桩，放托盘于二号位，空车倒回车库。

2）叉车再进一号位，叉取放有平衡木的托盘，按第一次的路线，将托盘整齐地码放在二号位的另一个托盘上（一次放齐，不能再整理），然后将车倒回车库，按规定停放。在规定的时间内完成上述动作。

（4）操作要求

1）行驶中内燃机不能熄火。

2）行驶中托盘及平衡木不能脱落、翻倒。

3）不能原地死打转向盘。

4）不能擦碰及碰倒标杆。

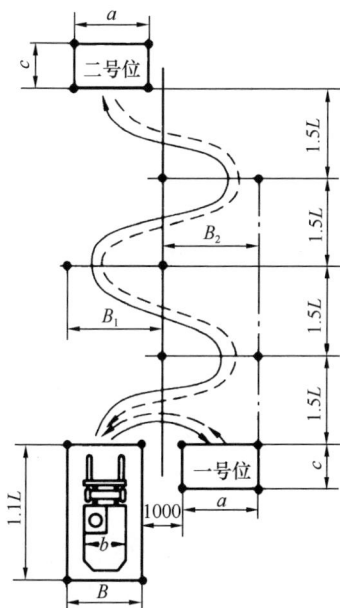

图中： • 标杆 ⟶ 前进路线

--- 后退路线

图 8-7 载托盘曲线穿、拆、堆垛训练示意图

L—叉车最大长度（mm）；

b—叉车最大宽度（mm）；

B、B_1、B_2—两标杆中心线距离（mm）

$B=b+200$（mm）

B_1、$B_2=B+500$（mm）；

a、c—托盘位两标杆中心线距离（mm）

$a=$盘长$+200$（mm）

$c=$盘宽$+200$（mm）

5）车轮不能压线。

5. 叉车在复杂环境条件下的应用

叉车通常是在货场内、站台上、仓库里行驶和进行装卸作业的，但是由于作业环境、条件的差异，比如，寒冷的冬天、炎热的夏季、坡道以及高低不平的路面等，对叉车行驶、操作的要求等也有所不同。这就要求每名叉车驾驶员，不仅要了解所驾驶叉车的性能，更要能够在各种特殊条件下合理地使用叉车。

（1）光线不足条件下的使用

1）光线不足条件下的使用特点

① 微光照射范围和能见度有限，驾驶员视线受到约束，加之叉车晃动，货物尺寸大小不一，质量不同，看清道路、场地和货物情况比较困难，甚至会造成错觉。

② 光线不足驾驶员的视力下降，作业时精神高度紧张，极易疲劳，而出现判断及操作的误差。

③ 光线不足时作业，驾驶员的观察能力和判断能力降低，作业视线不良，容易出差错，损坏机件和货物，甚至发生事故。

2）作业前的准备

① 作业前，要注意适当休息，以保持精力充沛。

② 应尽可能了解作业场地和货物情况，做到心中有数。

③ 认真检查叉车状况，尤其是照明装置、安全装置和操纵装置。

④ 分类存放物资，建立夜间识别标志，采取多种方法提高作业效率。

⑤ 光线不足时，要密切协作，平时要加强适应性训练。

3）作业注意事项

① 长时间作业，午夜以后如有昏迷瞌睡的预感，应立即停车短暂休息，或下车做些活动振作精神，切忌勉强行驶和作业。

② 光线不足时，要随时注意观察内燃机冷却液温度表、电流表、油压表、油温表等，发现异常，应立即停车检查并排除故障。

③叉装物资虽有载荷曲线可参考，但所装物资并不是都有明确重量的，因此，在叉装时，驾驶员一定要时时防止超载，以免造成机器损坏或酿成事故。防止的方法，一般是靠听和感觉。"听"是听内燃机的声音变化，如果起升时内燃机声响变得明显沉闷，就是超载的信号。"感觉"是指驾驶员要注意操作手柄和

座椅传来的信号。当操纵操作手柄时，安全阀发出嘶嘶声响而货物不动或感到座椅在抬高，而物资并未起升时，明显是严重超重，如果再不停止操作将倾翻而发生事故。

④ 装卸作业前，要根据货物数量选定装卸场，在场地周围、货垛处设立各种标记，并确定车辆的行驶路线，做到快装、快卸、快离现场。

⑤ 装卸作业时，要根据作业场地和周围环境，合理运用装卸运输工具，专人指挥引导疏通。

⑥ 装卸作业中，严禁一切人员在货叉下停留，不得在货叉上载人起升。起吊货物、起步行走首先鸣号。严禁作业中调整机件或进行保养检修工作。

⑦ 载货运行时，货叉应离地面 300mm 左右，不得紧急制动和急转弯，严禁载人行驶。

（2）低温条件下的使用

1）低温条件的特点

① 低温条件下，气温较低，油脂黏度较大，燃油汽化性能较差，内燃机起动困难。特别是露天存放以及车库采暖较差的条件下存放的叉车，驱动桥、变速器以及内燃机内的润滑油脂黏度很大，因而增加了运行阻力，降低了工作效率。

② 在低温条件下，叉车上的金属、橡胶制品等材料都有变脆的倾向，机件和轮胎等容易损坏。

③ 低温条件下，叉车经济性明显下降，燃料消耗增加。

④ 严寒季节风大、雾多、下雪结冰，影响驾驶员视觉，并且由于路面冰冻积雪，附着力降低，车轮容易发生侧滑和打滑现象。特别是制动停车距离较长，给驾驶员的安全操作带来困难。

⑤ 由于天气寒冷，驾驶员工作中操作不便、容易简化作业程序，并且穿戴较多，上下车时容易造成磕碰。

2）低温行车作业注意事项

① 进入防寒期前，提前做好换季保养工作，内燃机及底盘各有关部位采用寒区润滑油，运行初期要缓慢加速。

② 冷机起动时，由于机油黏度大，流动性差，各运动零件之间润滑油膜不足，起动后会产生半液体摩擦甚至干摩擦。同时由于气温低，汽油不能充分燃烧，冲淡气缸壁上的润滑油，使润滑油的润滑效能降低，加剧内燃机机件的磨损，缩短内燃机的使用寿命。所以，在严寒季节采暖条件不良的情况下，应进行预热（严禁用明火预热），且一般采用加注热水的方法，以提高内燃机的温度。

③ 经常清洗汽油箱、汽油滤清器、化油器、液压油箱等，防止有水结冰。

④ 露天存放的叉车，应放净冷却液或加注防冻液，以免冻裂内燃机。

⑤ 叉车行驶时禁止急转弯、急制动。冰雪天气在坡道上行驶或场地作业时，要采取铺垫炉灰、草片等防滑措施。

⑥ 叉车运行中，应采取各种措施保持内燃机的正常工作温度。

（3）高温、高湿条件下的使用

1）高温、高湿的特点

高温、高湿条件下，气温较高，天气炎热，给驾驶员的安全作业也会带来很大的影响。

① 高温下内燃机散热性能变差，温度易过高，使其动力性、经济性变坏。

② 容易产生水箱"开锅"、燃料供给系统气阻、蓄电池"亏液"、液压制动因皮碗膨胀变形而失灵、轮胎的气压随着外界气温升高而发生爆破等。

③ 高温、高湿条件下，叉车各部位的润滑油（脂）易变稀，润滑性能下降，造成大负荷时机件磨损加剧。

④ 由于气温较高，再加上蚊虫叮咬，驾驶员睡眠受到影响，因而工作中容易出现精神疲倦及中暑现象，不利于作业安全。

⑤ 雷雨天气较多，因路面、装卸场地有水，附着力降低，容易侧滑，影响叉车、人员、货物安全。

2）行车作业注意事项

①进人防暑期前，提前做好准备，放出内燃机、驱动桥、变速器、转向机等处的冬季润滑油脂，清洗后按规定加注夏季润滑油脂。

②清洗水道，清除冷却系统中的水垢，疏通散热器的散热片。经常检查风扇传动带的松紧度。

③适当调整发电机调节器，减小发电机的充电电流。

④作业中注意防止内燃机过热，随时注意冷却液温度表的指示读数，如果冷却液温度过高，要采取降温措施。要保持冷却液的数量，添加时要注意防止冷却液沸腾造成烫伤。

⑤要经常检查轮胎的温度和气压，必要时应停于阴凉处，待胎温降低后再继续作业，不得采用放气或浇冷水的办法降压降温，以免降低轮胎使用寿命。

⑥要经常检视制动效能，以防止因制动主缸或轮缸皮碗老化、膨胀变形和制动液汽化造成制动失灵的故障。

⑦调整蓄电池电解液密度，并疏通蓄电池盖上的通气孔，保持电解液高出隔板 10～15mm，视情况加注蒸馏水。

⑧作业前要保证充分睡眠，保持精力充沛。如作业中感到精神倦怠、昏沉、反应迟钝等，应立即停车休息，或用冷水擦脸振作精神，以确保行车、作业安全。

⑨做好防暑降温工作，防止中暑。

最后检查确认各部位良好后，方可投入正常使用。

（4）在易燃、易爆危险环境下的使用

在有易燃气体和粉尘的危险区域内作业，一旦出现火源，其后果不堪设想。国家《机动工业车辆安全规范》明确规定，在易燃、易爆环境中作业的车辆必须获得在此环境中作业的许可证方可进行作业。目前国内还没有为在潜在的可燃性气体环境中使用机动车辆而专门制定安全标准及法规。但在危险环境中使用的叉车必须遵守我国有关的防爆安全法规，备好灭火器材和防毒器具等。

第九章　叉车的维护保养与一般故障排除

内燃叉车保养必须坚持预防为主的原则，将维护保养制度化、规范化、科学化，努力提高叉车的使用效率。

第一节　检　查　内　容

1. 液压油、燃油、水渗漏检查

检查液压管的接头、内燃机、水箱以及驱动系统是否漏油或漏水；用手触摸或目视检查。

检查燃油中是否有杂质。

2. 轮胎气压检查（充气轮胎）

检查轮胎的情况，气压过低会降低轮胎的寿命，增加燃油的消耗，左右气压不同或轮胎损伤将引起转向力不同。

轮胎气压要符合轮胎气压标牌规定值。反时针拧下气门嘴帽，用气压表测量轮胎气压，需要时调整到规定值，确认没有漏气后拧上盖帽。1T～7T 的叉车前后轮胎气压均为 0.7MPa。

检查轮胎的接地面和侧面有无破损，轮辋是否变形。由于叉车轮胎需要很高的气压来承受重载，因此轮辋极小的变形或轮胎接地面破损都会引起事故。

3. 轮毂螺母扭矩检查

检查轮毂螺母扭矩是否正确。所有轮毂螺母应拧紧到规定扭矩：480～560N·m。

4. 护顶架检查

护顶架起保护作用，确保它牢固安装并且所有的结构部件牢固，如图 9-1。

5. 制动液位检查

检查制动储油罐中的油位，油面应在两格之间，添加时，应避免灰尘或水进入储油罐中（从车身左侧打开内燃机罩），如图9-2。

图 9-1 护顶架检查部位

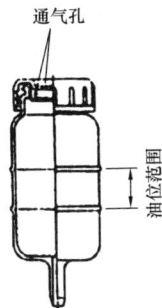

图 9-2 制动液油位检查

6. 蓄电池电解液检查

蓄电池有上、下液位刻度线，操作手可以观察液面，液面应处于两线之间，如图9-3。

7. 冷却液液位检查

检查补液罐液位，它应处于上、下刻度线之间，需要时添加冷却液。

打开水箱压力盖时要特别小心，在压力状态开盖，突然的压力释放会产生蒸汽流，造成人员伤害，用薄布或类似的东西包住盖子，慢慢松开盖子，让蒸汽溢出，然后拧下盖子，以防止喷出的热水烫伤手，如图9-4。

图 9-3 检查蓄电池电解液

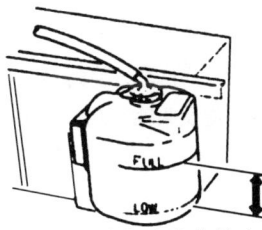

图 9-4 冷却液液位检查

8. 内燃机机油位检查

内燃机油标尺位于机体左侧，拉出油标尺，擦净尺头后重新插入并拉出，检查油位是否在两刻度线之间。

9. 风扇皮带张紧程度检查

检查风扇皮带张紧程度和损坏与否，用拇指压在水泵与发电机之间皮带的中部。

10. 后组合灯检查

检查后组合灯（尾灯、停车灯、倒车灯）有无损坏或弄脏。

11. 液压油油位

用油标尺检查液压油油位，拉出油标尺擦净，重新插入后拉出，看油位是否位于高低两刻度线之间。检查油位时，内燃机应熄火，货叉落地，叉车停在水平面上，如图9-5。

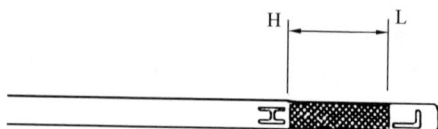

图9-5 液压油液面检查

12. 管路和油缸

目视检查液压管路和起升、倾斜油缸是否漏油。

13. 动力换挡变速箱油位

液力传动的叉车，打开检查盖并拉出加油盖，检查油位表，确保油位在刻度上，如果需要，补充特定的液压油，如图9-6。

14. 挡货架检查

检查挡货架安装螺栓是否松动，需要时拧紧，如图9-7。

15. 货叉和货叉定位销

检查货叉定位销安装情况，货叉有无变形或开裂，如图9-8。

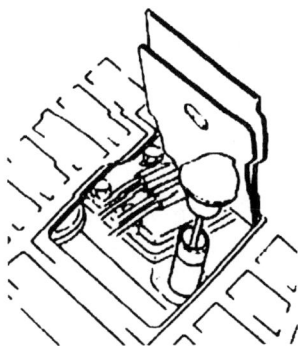

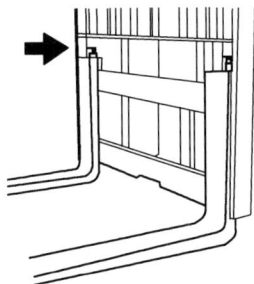

图 9-7　挡货架检查

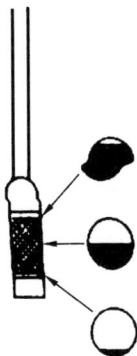

图 9-6　动力换挡变速箱油位

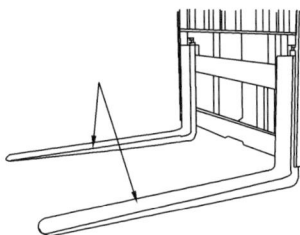

图 9-8　货叉检查

16. 前大灯和前红组合灯

检查灯罩和灯泡是否清洁及损坏。

17. 座椅调整

座椅位置适当，如不适当，向右拉调整手柄，将座椅调整到脚和手便于操作的位置，调整后，稍稍前后移动座椅，确保它可靠锁紧。

18. 换挡手柄检查

检查换挡手柄是否松动以及操作手感。

19. 多路阀操作手柄检查

检查操作手柄（起升、倾斜和属具）是否松动以及操作是否轻松。

20. 停车制动操作检查

确认拉上停车制动操作手柄后，停车制动安全可靠。起动内燃机前，确保换挡手柄处于空挡，停车制动可靠。

21. 仪表

计时表、水温表和燃油表能使操作人员了解车辆在运行中的情况。

22. 燃油量检查

燃油表安装在仪表板上，检查油量是否能够满足一天的工作。

23. 灯和灯光

打开灯光开关，确认相应的灯都正常。

24. 转向信号检查

操作转向信号手柄来确认转向信号灯都正常。

25. 喇叭按钮操作检查

按动喇叭按钮确认喇叭是否工作正常。

26. 离合踏板检查

对于机械传动的叉车，检查离合踏板动作是否平稳。对带有液力离合装置的叉车，起动内燃机后，按下离合踏板检查。

27. 制动踏板空行程

踩下制动踏板和微动踏板（仅限于液力传动叉车），确认每个踏板动作是否平稳，并且同样能不受干涉而复位。

28. 门架操作

按动喇叭，操作起升和倾斜手柄，确认货叉架起升、下降正常，门架倾斜平稳。确认油缸活塞运行到行程终端，溢流阀工作及伴随溢流的声音是否正常，注意系统运行的声音。

29. 起升链条张紧程度检查

检查起升链条张紧程度以及有无异常。

检查张紧程度时，货叉提升离地约 50mm，并用拇指按压链条中部，确认左右链条张紧程度是否一致，若发现不一致，松开固定销的锁紧螺母（A），拧调整螺母（B）调整链条，如图 9-9。

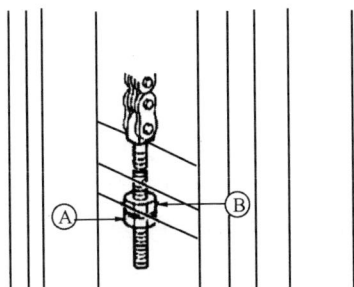

图 9-9　起升链条张紧度调整螺母

起升链条的润滑请使用机械油（如液压油），不要使用润滑脂。

30. 方向盘自由行程

检查方向盘的转动以及轴向的松动情况，正常的自由行程为 50～100mm，轴向松动是不允许的，如图 9-10。

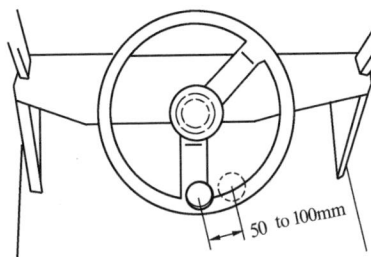

50 to 100mm

图 9-10　方向盘自由行程

31. 排气检查

内燃机预热后检查排气情况（表 9-1）。

排气情况表　　　　　　　　　　　　　表 9-1

颜色	状态	原因
无色或浅蓝色	正常	完全燃烧
黑色	不正常	不完全燃烧

颜色	状态	原因
白色	不正常	燃油中有水或喷油嘴雾化不好
蓝色	不正常	烧机油

32. 离合操纵检查（机械传动叉车）

踩下离合踏板，确认离合器正常啮合，没有打滑。

33. 微动踏板检查（液力传动叉车）

轻踩下微动踏板，检查车辆速度降低情况。

34. 制动检查

慢速行驶车辆并踩下制动踏板检查制动效果，制动踏板踩下后，刹车灯亮。

35. 转向检查

车辆慢速行驶时，转动方向盘，观察左右转向力是否一致，是否有其他不正常现象存在。

36. 停车制动检查

确认拉上停车制动手柄后，慢速行驶的车辆能被制动停住。

37. 倒车灯检查

换挡手柄置于后退挡时倒车灯亮。

第二节　维护内容

1. 从油水分离器中排水

当油水分离器指示灯亮时：

（1）关掉内燃机，转动（A）部4～5圈，按压泵（B），不停地按压泵（B），直至油水分离器中的水排完；

（2）拧紧放水螺塞，并按压泵（B）几次，观察螺塞处有无渗漏；

（3）起动内燃机后确认指示灯不再亮，如图9-11。

2. 燃油系统排气

（1）关掉内燃机，松开喷油泵上的排气塞。

（2）拧紧排气塞确认没有燃油渗漏。

（3）按压泵排气，直至燃油流出螺塞为止，如图9-12。

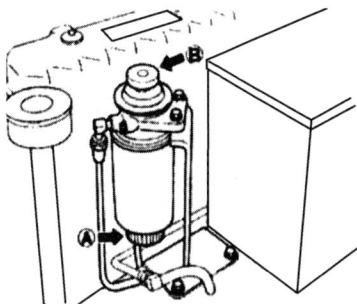

图 9-11　油水分离

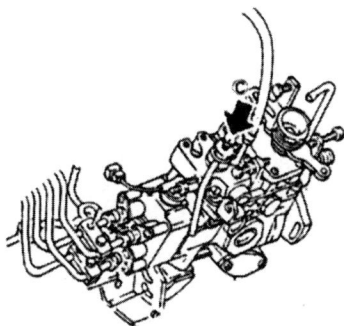

图 9-12　排气塞

3. 更换保险丝

保险丝可以保护电气系统，防止电流过高损坏电器元件，检查回路中各部件工作是否正常，若任何一个部件不能工作，可能相应保险丝已烧断，用同等容量的保险丝更换，若部件中的一个零件不能正常工作，也可能球形触点已烧坏，用同等容量的触点更换。

4. 更换轮胎

更换或修理前准备好工具和千斤顶。

（1）前轮

将车停在坚硬路面上并关掉内燃机，卸下所有的载荷。拉上停车制动手柄并用楔块垫住，将千斤顶置于车身下。将车辆顶起并保持轮胎着地，松开轮毂螺母，但不要拆下。继续将车辆顶起至轮胎离开地面，取下螺母并拆下轮胎。轮胎安装与拆下顺序相反，轮毂螺母以对角次序拧紧。安装后，检查轮胎气压。

（2）后轮

除千斤顶放在平衡重下方外，其他与前轮修理和更换方法相同。

第三节　叉车一般故障排除

1. 内燃机常见故障排除

（1）机油压力过低

当柴油机怠速时，若机油压力低于 0.049MPa，高速时机油压力若低于 0.196MPa，则称为机油压力过低。

1）机油压力过低的原因

① 机油太稀，黏度低或机油细滤器分流太多；

② 机油油量不足或机油集滤器堵塞，密封不严，油管破裂有漏油现象等；

③ 机油泵的零件磨损，间隙过大，致使机油泵工作性能下降。机油泵工作间隙过大造成怠速时油压偏低；

④ 机油泵限压阀调整不当，弹簧太软，造成高速时机油压力偏低；

⑤ 曲轴和凸轮轴各轴颈与轴承的配合间隙过大，使机油流失过多，机油升压困难。

2）机油压力偏低的检查、判断和排除

① 抽出油标尺检查机油数量和机油质量、黏度；

② 检查机油压力报警系统工作情况，拆除机油感应塞导线，直接搭铁，若油压报警灯亮，则为机油感应塞故障或主油道油压过低。反之，则表明油压报警系统有故障。如无压力，则为主油道或机油泵故障；

③ 如果油压报警装置正常，可拆下机油感应塞，换装成直接式机油压力表（如无表，可用手指堵住感应塞的连接螺孔）。启动柴油机，如果压力正常（或手感有压力），则为感应塞坏。如无压力，则为主油道或机油泵故障；

④ 拆卸油底壳，检查集滤器是否堵塞，油管是否损坏、漏油、漏气，接头是否密封失效。发行故障，应予排除；

⑤ 如果集滤器完好，应拆检机油泵，检查限压阀是否正常，

有无损坏，如果正常，再检查机油泵齿轮配合情况；

⑥ 如机油泵完好，应检修曲轴主轴颈与主轴承的配合间隙。

（2）机油压力过高

1）机油压力过高的原因

① 机油黏度过大或机油温度偏低；

② 机油泵限压阀调整不当或球阀生锈卡死等；

③ 机油滤清器或主油道堵塞，使润滑油循环困难；

④ 曲轴、凸轮轴各轴颈与轴承的配合间隙过小，增加了机油的流动阻力；

⑤ 其他各旁通阀调整不当等。

2）机油压力过高的检查、判断和排除

① 检查机油质量，机油黏度是否合格，机油牌号、机油温度是否合适，如太脏、太稠、牌号不符时，应予更换；

② 拆卸机油滤清器，检查限压阀的球阀（或柱塞）有无卡滞现象。球阀应在压力作用下活动自如；

③ 将机油感应塞拆下，换装成直接式压力表，检查主油道的压力是否过高，如表压不同，则说明感应塞或油压表坏，反之则为主油道油压高；

④ 检查机油泵限压阀弹簧压力是否太大或阀有卡死现象，应调试检修使之正常；

⑤ 如果是新柴油机，应检查曲轴、凸轮轴各轴颈的配合间隙是否过小。

（3）机油消耗量过大（烧机油或机油流失）

1）机油消耗量过大的原因

① 气缸、活塞、活塞环严重磨损，导致间隙过大窜机油；

② 活塞环装配不正确（活塞环的开口没有错位或错位不当），环位装错，环槽间隙太大，有泵油现象等；

③ 曲轴箱通风装置失效，箱内温度偏高；

④ 气门油封失效，机油流失；

⑤ 空气压缩机的气缸上油，润滑油随压缩空气带走；

⑥ 漏油等。

2）检查与判断方法

上述前四个原因均会导致机油进入燃烧室，形成烧机油。观察排气管有无冒蓝烟现象，可判断机油是否进入燃烧室。具体检查、判断方法如下：

① 拆下喷油器，查看喷油器上有无油渍，若有油渍则说明机油已进入燃烧室，应查找进油部位；

② 用缸压表检查气缸压力，如果压力偏低，可进一步检查活塞、活塞环与气缸的配合间隙等；

③ 拆卸曲轴箱连接进气歧管的吸气管，看管口有无油液，即可判断曲轴箱内压力、温度是否偏高；

④ 机油外漏可依外观检查判断。

（4）机油油面升高、油量增多

机油量增多的故障原因不是漏油就是漏水。其检查判断方法如下：

1）将油标尺上的油涂在白草纸上，查看有无水迹，看机油是否变稀。变稀则为漏油，有水迹则为漏水；

2）拆卸、分解其油泵，看泵膜是否破裂，查找漏油部位；

3）拆卸缸盖，找出漏水部位；

4）换掉变质机油。

（5）冷却液水温过高

1）现象

① 水温表指针指示在100℃以上，散热器上贮水箱有开锅现象；

② 柴油机产生爆燃，不易熄火；

③ 活塞膨胀，柴油机熄火后，不易启动。

2）原因、判断和排除

① 冷却水不足。检查冷却水箱或膨胀水箱的水是否充足。

② 水温表指示值过高时，应观察散热器水温是否过热或开锅。如水温正常，即为感应塞或水温表故障，应先更换感应塞。

若水温表的指示值还高，则水温表已坏；反之，则为感应塞坏。

③ 风扇不转，检查风扇皮带是否过松打滑，若打滑应进行调整。松开发电机支架固定螺栓，向外扳动发电机，同时拧紧固定螺栓。风扇皮带的松紧度，用拇指按压两轮距中间皮带，皮带下沉量为 10~15mm 时为宜。

④ 节温器故障，若柴油机温度过高，而散热器的温度并不高，或散热器上贮水箱温度高，下贮水箱温度不高时，可能是节温器的阀门没打开或阀门升程太小，应检查更换节温器。

⑤ 水泵损坏，可将水箱盖打开，操纵油门，突然变化柴油机转速，从加水口观察冷却水面有无变化，若无搅动现象，则为水泵工作不正常，应检查排除水泵故障。

⑥ 散热器性能下降，多为散热器内水垢或泥沙堵塞，应清洗、流通散热器。

⑦ 散热器盖损坏，表现为冷却水的沸点温度未提高，柴油机冷却后散热器内的真空度未形成，有膨胀水箱的箱内液面无变化，则为散热器盖损坏，应修复更换。

⑧ 护风罩坏或不起作用，百叶窗打不开等。

（6）冷却液水温过低

1）现象

① 水温表指示值在 80℃以下；

② 柴油机加速困难、无力。

2）原因、判断和排除

① 节温器故障，柴油机冷车升温时间长，节温器不起作用，主阀门常开，没有形成小循环。应检查更换节温器。

② 冬季保温措施不良，百叶窗、挡风帘关闭不严。

③ 水温表或水温感应塞故障，实际水温与指示值有误差时，多为感应塞或水温表故障，更新水温表后无效果，则为水温感应塞故障，应更换感应塞。

（7）冷却液泄露

1）现象

① 外漏，一般是散热器、进出水橡胶管或水泵向外流水或滴水。气缸垫坏和气缸体与气缸套间密封圈坏漏水等。

② 内漏，表现为油水相通，水套漏水，气缸套漏水等，水箱的水减少，但是不见水外流时均属内漏。

③ 零件损坏造成的漏水，如气缸盖、气缸体、气缸套裂纹等引发的漏水。

2）判断和排除

① 外漏通过表面观察，便可判断。

② 内漏应抽油样检查，查看油水混合程度，然后判断。

2. 驱动系统常见的故障排除

（1）离合器打滑或者不分离

故障原因判断和排除

1）摩擦片上面粘有油污或者摩擦片损坏，这个处理的办法就是清洗摩擦片或者更换摩擦片。

2）分离轴承结合状态压在分离杠杆上面，这个处理的办法是把分泵总成推杆长度调短。

3）分离轴承自由行程太大，这个处理的办法是把分泵总成中推杆调长。

4）油路中有空气，这个处理办法就是把油路里面的空气排掉。

（2）变速箱内有异常响声

故障原因判断和排除

1）齿轮磨损过度或者轴承损坏，这个处理的办法是更换齿轮或者更换轴承。

2）变速箱里面有杂物，处理的办法就是排除杂物。

3. 起升系统常见的故障排除

（1）门架倾斜时候不同步

1）故障原因

两个倾斜油缸行程不一致或者油缸管路接头处截流孔大小不一致。

2）排除方法

调节 2 个倾斜油缸的行程和更换具有同样截流孔的接头。

（2）空载时门架不能起升

1）故障原因

多路阀溢流小孔堵塞。

2）排除方法

清除多路阀溢流小孔杂物。

（3）货叉门架下降速度太快

1）故障原因

进油口限速阀不起作用。

2）排除方法

修理限速阀。

（4）货叉门架自动下降

1）故障原因

油缸液压油不足。

2）排除方法

检修多路阀、添加液压油。

4. 制动系统常见的故障排除

（1）两轮不能同时制动（制动跑偏）

故障原因判断和排除

1）两制动器的间隙不等或者制动器的管路堵塞，可以调整
两制动器的间隙或者疏通管路。

2）制动鼓内有油污或者制动蹄扭曲变形，处理办法就是清
除油污或者修理、更换制动蹄。

3）制动管路中有空气，处理的办法就是排除制动管路的
空气。

（2）手制动失灵

故障原因判断和排除

可能是由于手制动钢丝松弛，处理的办法就是调整手制动钢
丝的紧度。

（3）制动失灵

故障原因判断和排除

1）制动鼓和制动蹄间隙过大，处理的办法就是调制制动鼓和制动蹄的间隙。

2）制动总泵进出液阀失效，处理办法是检修进出液阀。

3）制动摩擦片磨损过度，处理办法是更换摩擦片。

4）摩擦片接触面不够，处理办法是修理摩擦片。

5. 转向系统常见的故障排除

（1）转向器漏油

故障原因判断和排除

1）转向器各接合面（阀体、隔盘、定子、转子）漏油，这个处理的办法是更换密封圈，清洗转向器、接合面或者更换坚固螺栓。

2）轴颈处或者溢流阀密封圈损坏，这个处理办法比较简单，就是更换轴颈处和溢流阀处的密封圈。

3）限位螺栓处垫圈不平，这种情况处理的办法是磨平垫圈或者更换垫圈。

（2）转向失灵

故障原因判断和排除

1）转向器弹簧片折断或者转向器销轴折断变形，也可能是联轴器开口折断或者变形，这个处理办法就是更换弹簧片、销轴、联轴器。

2）安全阀失灵，处理办法就是清洗安全阀、更换弹簧。

3）转向油缸泄漏过大，处理办法是更换密封件或者油缸。

第十章 职业规范与安全管理

第一节 叉车司机的职责

1. 认真钻研业务，熟悉叉车技术性能、结构和工作原理，提高技术水平，做到"四会"，即会使用、会养修、会检查、会排除故障。

2. 严格遵守各项规章制度和叉车安全操作规程、技术安全规则，加强驾驶作业中的自我保护，不擅离职守，严禁非驾驶员操作，防止意外事故发生，圆满完成工作任务。

3. 爱护叉车，积极做好叉车的检查、保养、修理工作，保证叉车及机具、属具清洁完好，保证叉车始终处于完好技术状态。

4. 熟悉叉车装卸作业的基本常识，正确运用操作方法，保证作业质量，爱护装卸物资，节约用油，发挥叉车应有的效能。

5. 养成良好的驾驶作风，不用叉车开玩笑，不在驾驶作业时饮食、闲谈。

6. 严格遵守叉车的使用制度规定，不超载，不超速行驶，不酒后开车，不带故障作业，发生故障及时排除。

7. 多班轮换作业时，坚持交接班制度，严格交接手续，做到"四交"：交技术状况和保养情况；交叉车作业任务；交清工具、属具等器材；交注意事项。

8. 及时准确地填写《叉车作业登记表》、《叉车保养（维修）登记表》等原始记录，定期向领导汇报叉车的技术状况。

9. 叉车上路行驶时，应严格遵守交通规则，服从交通警察和公路管理人员的指挥和检查，确保行驶安全。

10. 操作人员在驾驶作业中，应取得相应特种作业操作资格，方可作业。

第二节　安全作业的操作规程

叉车作为一种机动灵活的搬运工具，在现代生活中的作用不可忽视，安全作业显得十分重要。叉车驾驶员要把安全驾驶操作放在首位，树立安全作业意识，自觉遵守叉车安全操作规程，熟练掌握驾驶操作技术，提高维护保养能力，使叉车处于良好的技术状态，确保驾驶作业中人身、车辆和货物安全。

1. 靠站台边行驶时，车轮离站台边的距离必须在 0.3m 以上，防止叉车跌落站台。

2. 倒车行驶时，必须向后瞭望，行驶速度要慢，要注意路面有无障碍物。如果车轮碰到障碍物，如小石子等，就很容易改变行驶方向。

3. 叉车转向时速度不能高，否则可能造成整车倾覆，翻下站台。

4. 不可用叉车拉动车辆。如果站台有阻挡物或到站台尽头时，溜动的车辆会将叉车拉下站台。

5. 停放叉车时，一定要施加驻车制动，并不得与线路垂直停放在站台上。在坡道长时间停车，须用垫块垫住轮胎。

6. 在棚车内作业，无站台一侧车门开度应小于叉车宽度；若车门全开，应使用车门防护绳。

7. 查找故障或修理叉车时，要注意防止因短路发生的灼烧伤、摔坏的蓄电池溅流的电解液引起的灼烧伤。

8. 当货物升得太高挡住视线时，驾驶员将注意力集中在货叉处，只注意了码放高度是否合适，就会忘了兼顾上方的安全。有时因货物宽而通道狭窄，将货物升高后走行，碰在柱子、库门或其他东西上掉下来，会砸在驾驶员头上、手臂上、转向盘上。在这种情况下倒行比正行更安全。

9. 叉车装卸货引起的非操作人员压脚、挤手、摔倒、掉下站台、从车上掉到地面者较多。因此，不仅要求驾驶员有熟练的操作技术，而且要精力集中，不能高速行车。

10. 操作叉车应按规定穿戴工作服装和使用防护用品，禁止赤膊、赤足、穿凉鞋。

11. 班前保证充足睡眠。当班精神集中，作业中禁止打闹和进食，货场、库房内禁止吸烟。

12. 禁止在货垛上休息。

13. 为防止人员过度疲劳，保证作业效率和安全，必须保证每车作业的必要人数，并在连续工作 2h 后，应有不少于 10min 的休息时间。

14. 了解货物包装性质，对易扎破的货物如纸箱、条筐、薄铁皮、纸袋、布袋和塑料袋等包装的陶瓷制品、玻璃器具、电器等，进叉时要十分小心。

15. 发现破损的托盘要及时送修。损坏的托盘很容易造成事故。如，断板陷入托盘中间，进叉时，叉子进去而推拥托盘，致使货物倒塌或互相挤撞。

16. 货叉前倾角不足，或两边货叉的叉尖高度不一致，是导致叉车推拥托盘或叉破货物的重要因素。一旦发现，应立即调整和修理。

17. 货物码放托盘时，要做到层层件件交错排列，压缝封顶。

18. 在托盘或货垛两边加两块侧挡板也可防止货物倒塌。侧挡板安装在叉车属具架上，叉取货物时，侧挡板即自行加在货垛两侧上。

19. 用绳索或锚链将货物拉腰拴捆并挂在门架上，这种方法适用于叉运易碎品、贵重物品、重心偏斜物品。

20. 叉车走行过程中的颠簸摇晃和转弯时车速过高，是导致货物倒塌的重要原因。因此要严格遵守叉车行驶时的安全操作规定。

21. 起动叉车前，应检查冷却液、燃油、机油、工作液压油和轮胎气压等是否符合要求，风扇传动带松紧度、电气导线连接等情况是否正常，叉车四周是否有人，前后转向杆是否处于中位，上述都正常后，方能起动。

22. 起动时，起动机连续起动时间，叉车不得超过5s，牵引车不得超过15s。冬季起动困难时，可采取加热水和预热机油等方法，但切忌用火烘烤。

23. 起动后应低速运转逐渐提高内燃机温度，并进行低、中、高速运转检查，待声响、排烟、冷却液温度、机油压力等正常，并无漏水、漏油现象后，方可起步。

24. 起步时，用低速挡逐渐加速，严禁猛踩加速踏板。起步后，要检查转向和制动，符合使用要求后，方可行车。

25. 行车中，应根据不同情况和速度及时换挡，不可长时间使用高速挡行车，不允许把脚放在离合踏板上，以免离合器打滑或烧毁摩擦片。转弯时，要鸣笛、减速；前后换向时，应使车辆安全停稳后再进行。

26. 下坡时，应合上离合器，挂上低速挡，并要断续地踩制动器踏板，严禁分离离合器和变速器挂在空挡上滑坡。不允许用单边制动急转弯。

27. 叉车作业时，负载不得超过额定起重量，如有异声、异味时，应立即停车检查，不得带故障作业，禁止在大坡道上停放。

28. 叉车载重升降和行驶时，门架应垂直或后倾，禁止前倾。操纵阀杆时，尽量避免各油缸活塞行至终点，以免液压冲击造成液压系统零件过早损坏。

29. 作业结束后，车辆要按规定检查、保养，叉车货叉落地，油缸活塞杆收回；变速杆放至空挡，拉上驻车制动，关断电源，取下起动钥匙。冬季作业后，放尽冷却液。严格防止冻裂气缸和水箱。

30. 装卸货物时，只有当货物重心未超出载荷中心距时，才能按额定载荷起重；当货物重心超出载荷中心距时，应按曲线规定的数值装载，如图10-1所示。

31.载重行驶时，应使货叉离地面20～30cm，并使门架处于后倾位置，如图10-2所示。

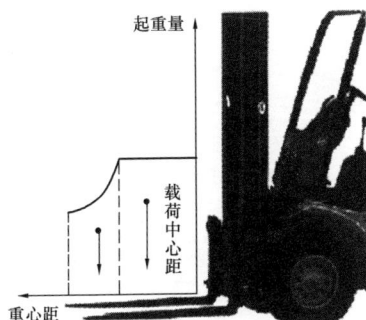

图10-1　载荷中心距

图10-2　载重行驶的货叉离地间隙

32.重载叉车在坡度超过10％的坡道上行驶时，上坡应正向行驶，下坡应倒车行驶，如图10-3所示。

33.叉车转弯时，应提前降低车速，避免因急转弯，而造成货物散落或翻车，如图10-4所示。

图10-3　重载叉车在坡道上正向行驶

图10-4　叉车转弯

34.叉车行驶中需要换向时，必须待车停稳后方能进行，以免传动系统受到损伤。

35. 禁止在配重上坐人，禁止在货叉下站人，禁止货叉送人登高，如图 10-5 所示。

36. 操纵门架前倾、后仰和货叉上升时，不要"升足"和"倾足"。

37. 叉车作业中应避免偏载，禁止单叉作业，如图 10-6 所示。

图 10-5 禁止配重上
坐人和货叉送人登高

图 10-6 禁止叉车单叉作业